大是文化

不負責男人造就的

外商媽媽時間管理法

總是一人育兒的兩頭燒媽媽，一路升遷還能享受「做自己想做的事」的美好時光！

やめる時間術 24時間を自由に使えないすべての人へ

曾任外商公司主管、還要早晚帶孩子的媽媽
尾石晴——著
林巍翰——譯

CONTENTS

第三章 職場媽媽必學的「不要做」時間減法 103

第四章 時間減法的執行困境 141

第五章 從減法創造出來的時間，「加」回你的人生

推薦序

找回人生的主控權

作家、職涯實驗室社群創辦人／**何則文**

我去很多大專院校演講時，很多學子都會問一個問題：「則文老師，您是如何一邊上班，一邊經營社群跟寫作的呢？怎麼樣才可以像您一樣做好時間管理？」每次被問到這個問題，我總是說要做好取捨、知道自己的時間花在哪，但這樣的說法或許還是太過模糊。

我也一直在思考，怎樣可以用清楚明白的方式，跟大家分享有效運用時間，讓大家透過管理好自己的時間，掌握自己的人生，成為自己生命的掌舵者。而當我看到這本《不負責男人造就的外商媽媽時間管理法》時，我發現它就是一個絕佳的答案。

我們在市面上看過很多談時間管理的書籍，教你怎樣拆分、透過不同工具、手段來整理跟管理時間。然而有時候，我們的時間並不只屬於我們自己，尤其在臺灣傳統社會中，許多人必須跟長輩或子女、另一半一起生活。如果孩子還小，那真的是很讓人崩潰的事情，事事都要被遷就著。

但其實有沒有時間是一種選擇，本書作者尾石晴是一位職業婦女，家庭的負擔讓她還需要一個人帶孩子，還是一位斜槓媽媽，經營自媒體、教學瑜伽等方式創造業外收入，把時間發揮得淋漓盡致。我們都知道日本社會的高壓力，以及女性在日本可能面臨更大的挑戰，作者卻用自身的經驗告訴我們，不應該被外在環境給束縛住。

作者在書中告訴我們，要把時間當成資產管理，這是一個很好的比喻，也是很創新的想法。把時間的運用分為投資、消費跟浪費，讓我們能理解花費時間背後的意義跟可能帶來的影響。舉例來說，假設我們今天花時間學習東西，那就是投資，因為這段時間，可能有機會讓我們的能力跟價值複利成長；而逛網拍找需要的家用品就是消費；至於看無腦的搞笑影片，那就是浪費了。

了解時間作為資產的本質後，她更提出要視覺化時間，把時間分類，分成個人時間、生活時間跟常規時間，賦予它們意義，然後一眼就能了解自己把時間花去哪，抓出偷溜的時間。

為什麼很多人管理不好時間？其實這跟會不會理財很像，我們要先知道金錢，或者時間花去哪裡，才能知道自己在幹嘛，並且學會量化每段時間應用的情況，給自己的使用方法打分數，避免那些無謂的消耗，找到善用時間的方法跟建立成就感。

那我們要怎樣衡量時間的價值？作者提出了換算時薪法，來知道你一小時值多少。比如請人打掃，假設你時薪換算為一千元，請掃地阿姨一小時才四百元，代表你把這時間包給阿姨，自己將這段時間拿去做能獲利的事，是更加符合經濟效益的。又比如我們可以用這樣的思維，去想要不要接某個案子，有了這樣價值基準後，就能更容易評斷如何運用。

這本《不負責男人造就的外商媽媽時間管理法》讓我最喜歡的地方是，它不只教你如何運用時間，更教你怎樣思考人生。如果我們不知道自己的理想生活是如何，就不可能運用得好時間。我們想要很多時間，所以渴望財富自由，但或許你真正想要的不單單只是錢，而是找回人生的主控權，以達到選擇自由，而想要達成這樣的理想生活，不用等你賺大錢，只要成為時間的主人，你就能找到通往幸福的道路，而這本書中，就有解答。

前言
多虧老公不負責，讓我練出時間管理法

首先我想問各位一個問題：「請問你每天大概花多少時間在自己身上？」

在過去好長一段時間裡，我都是典型的長時間勞動型員工，主要精力都放在工作上，因此幾乎過著無法享受個人時間的生活，過去的我：

- 任職於外商製造公司，每個月的加班時數都超過一百個小時。
- 「少報一些上班時數」是公司裡的口號（如果上班時數多到要和產業醫[1]面談的話，會有不少麻煩事）。

1 即臺灣的職醫，負責管理員工們健康的醫師。日本國內達到一定規模以上的公司企業，有義務聘用產業醫。

- 工時長，有時還會碰到轉調。
- 在日本國內出差，出發時搭乘的是第一班飛機，回程時坐的是最後一班新幹線（因為新幹線的末班車時間較晚）。

過去我總認為，上述都是正常的，「出了社會後去公司上班，不就是這麼一回事嗎？為了工作奔波，感覺日子過得很充實，雖然很忙碌，但其他人不也是這樣嗎？」然而在我結婚有了小孩之後，又多了新的工作：一人育兒[2]。

事情得回到好幾年前說起，那時我突然時間完全不夠用，「晚餐時間，我雖然讓孩子坐好、餵他吃東西，自己卻邊洗衣服邊吃飯」、「因為忙到沒時間抹乳液，冬天時皮膚乾得都出現粉屑」，比還沒結婚之前、被工作追著跑更忙碌。

我覺得這樣下去不是長久之計，因此才決定要修正自己使用時間的方式。最終我發現，只要能養成下面這三種能力，就能穩穩掌握自己的時間：

1. 視覺化（以俯瞰視角來檢視及掌握自己目前利用時間的方式）。

2. 減法力（區分出哪些是不必做的事，省下花在這些事情上的時間）。
3. 加法力（配合自己的人生目標，重新設定時間和安排行動）。

在大規模修正自己使用時間的方法後，就算我在公司上班，加上照顧孩子，每天還是能留一個半小時的時間給自己，而我利用這些時間，完成了以下事情：

- 治療不孕症（靠單一精蟲顯微注射〔ＩＣＳＩ〕受孕）。
- 投入不動產租賃業，設立法人，經營三棟公寓。
- 取得以下證照：瑜伽教師、美國瑜伽聯盟ＲＹＴ二〇〇瑜伽師資證照、冥想瑜伽、生活管理師[3]、心理管理師[3]。
- 在Voicy（類似臺灣的podcast）上有超過兩萬名聽眾。

---

2 指的是家庭中沒有其他人協助照顧小孩，育兒和家事全由某個人（大部分是太太）一手包辦的狀況。

3 兩者皆為日本 Life Organizers 協會（Japan Association of Life Organizers）所發行的資格證照。

- 推特上有超過一・四萬人追蹤。
- 社群網站 note 上有超過一・二萬人關注。
- 經營部落格，每個月超過五萬瀏覽數。
- 每個月發行一份售價五百八十日圓的 note 雜誌（購買人數突破四百人）。

儘管如此，我並沒有因此而忽略本業，而是徹底提高自己的工作效率，準時在上班時間內完成工作，然後晚上六點準時下班，再趕到托兒所接兒子回家。

雖然忙碌，我仍通過了公司內的升等考試，晉升為管理職，在結束第二個孩子的產假後，也如願回到自己所期望的工作崗位。另外，我的興趣是讀書，而我每年都能為自己創造出能讀兩百至三百本書的時間。

「妳是上班族，又一個人帶孩子，哪來這麼多的時間可以使用？」這是我開始經營自媒體時，最常被問到的問題。

該怎麼做才能創造出時間？當時我是因為突然冒出了家事、育兒和工作這三項事務，才決定要徹底摸索出，符合個人需求的使用時間方法。

雖然在周圍人眼中，我看似為了實現許多事情，而投入了大量時間，但事實並非如此。我所做的，只是掌握住什麼是自己不想做，和不做也可以的事，然後百分之百絕不再做。

過程中我並沒有使用任何特殊技巧，只運用了減法而已。然而對許多人來說，我的方法卻很特別，原因出在，市面上的資訊大都告訴我們，什麼做了比較好，以及去做自己想做的事，因此容易讓人們只會去尋找自己要做什麼。

本書想要介紹的時間術，是過去我在面對工作和育兒時，多次苦於沒有時間，經過不斷嘗試後所創造出的方法。希望各位並不只是閱讀，而是能從一個小步驟開始，階段性的分解、實踐本書的內容。

本書的方法，是為了這樣的你而準備：需要肩負起家事、育兒、照護以及工作的責任，而無法以自己喜歡的方式來使用時間，或迷惘於應該不做什麼事。如果拙作能成為你把時間拿回來的契機，將是我最開心的事。

沒有時間，就沒有自我

對許多有孩子的雙薪家庭而言，有不少人忙到連一分鐘都無法留給自己。

每天早上六點起床後先做早餐，接著洗衣服，然後送孩子到托兒所，最後全力衝刺到公司上班，午餐也是邊工作邊吃。到了下午，注意力開始放在回家時間，盡可能努力工作，好把事情告一個段落後去接孩子。回到家，首先要準備晚餐，接著摺好衣服之後去洗澡。當準備好明天要用的東西，再哄孩子入睡後，已超過晚上十點，因為實在太累了，倒頭馬上進入夢鄉……。

上述提到的事情不只發生在女性身上，雙薪家庭增加後，有許多男性除了公司裡的工作（當然只注重工作的人生也是問題），家庭裡的責任也隨之增加，導致沒有自己的時間。反之，有些人雖然工作順風順水，卻沒有經營好自己的家庭。

會發生這種事情的理由很單純，就是人們把時間全部投入到了工作，沒有花時間在應盡的家庭義務上。「有了孩子後，夫妻之間更常吵架了，另一半的心情好像總是不太好。」在面對這些問題時，人們好像都在為自己找理由，認為這種沒有自己時間的生活，還不是因為自己是上班族、是為人父母……覺得這也沒辦法、反正什麼也改變不了，說服自己後，仍繼續努力打拚。

「原本應該是自己選擇的幸福生活，卻被時間逼得無法享受自己的工作，養兒育女又好辛苦，結果讓夫妻之間的關係也變差了」，經常可以從雙薪家庭的夫妻那裡聽到這類心聲。明明是自己的選擇，為什麼還會有這麼多的抱怨，還是其實自己根本不滿意這樣的生活？

我發現有許多人為了維護工作和家庭，而主動選擇勉強自己，過著每天都很忙碌的生活，不斷犧牲自己的時間，甚至到了身心俱疲的地步。如果努力到了這個程度，我想沒有人會感到幸福。問題在於，我們無法只去做自己該做的事。

「時間就是生命，而生命就在我們心中。」這句話出自德國的兒童文學作家麥克・安迪（Michael Ende）的小說《默默》（*Momo*）。「雖然很忙卻沒有充實感，這樣下去真的好嗎？」心中若出現這類不滿或不安，表示你並沒有辦法掌控好自己的時間。

失去了自己的時間，不斷過著這種生活，人們就會生病，不僅是雙薪家庭，家庭主婦、從事照護工作的人、被工作淹沒的長時間勞動者，所有為了他人而用到自己時間的人，都可能出現這樣的問題。如何使用時間，就是在選擇自己的人生。

市面上的時間規畫書，不適合我

七年前，我還是一個上班族，又要孤軍奮鬥照顧孩子，時間真的完全不夠用，要做家事、照顧孩子，以及面對處理不完的工作，實在忙得分身乏術。就像我在前面提到的，我開始過著失去自己時間的生活。

當我面對樂在自己工作中的丈夫（至少看起來是如此）時，心裡很不高興，我甚至對丈夫有了恨意，「為什麼這個人看到我的時間都已經不夠了，卻還只專注在自己的工作上？」直到有一天，我突然意識到這種情況如果再持續下去，肯定會出問題。

某天晚上十點過後，當孩子們都入睡了，這時才返家的丈夫對我說：「要是妳天天都這麼焦躁的話，想離婚我也無妨。」聽到這句話時我真的氣壞了，我每天都忙得要死，一直在忍耐，卻要遭受這種對待。儘管如此，我心裡很清楚，如果再這樣下去，別提工作了，我的家庭可能會先崩潰。雖然我把情緒發洩在丈夫身上，但這麼做無法為我爭取到額外的時間。

「如果我不學習如何提高自己做事的效率和時間規畫，就會被時間拖累，最後讓工作和家庭都失敗！」我開始閱讀市面上有關時間術和記手帳的書籍，然後我做了以下事情：

- 每年都會購買號稱能讓人有效利用時間的手帳。
- 下載時間管理 App。
- 蒐集如何在短時間內做好晚餐和保存的方法，然後在星期日一口氣完成。
- 採納他人的意見，立刻找保母和打掃外派到家裡幫忙。
- 一旦發現可以提高做事效率的家電用品，毫不猶豫手刀下單。

只要是能節省時間的事，我都盡量去嘗試。但過了一陣子之後，我發現「明明有多出時間了，可是自己為什麼並不滿意？」在實踐如何應付個別狀況的時間術，和提高效率的技巧後，其實真正為自己節省下來的時間並不多，而且在省下來的時間裡，我大部分就只是腦袋放空的坐在椅子上滑手機。

當時我還沒有規畫有了時間後要做些什麼，而在我大量閱讀時間管理類書籍後，我注意到這些書，幾乎是寫給能把二十四小時都用在自己身上的人。這些書的作者，他們的家事和育兒工作有其他人負責，或是根本還是單身貴族，又或者兒女已經成人、不用為家事心煩，甚至可以自己調整工作時間。

對我這種幾乎沒有任何時間支配權的人來說，讀完這些書之後，只能使用其中部分的技巧，根本無法解決生活中面臨的困境。就算學到了如何把零碎時間化零為整，也無法解決根本上的問題。到頭來還是每天被工作追著跑，花了許多時間所得到的資訊，逐漸失去了作用。

為了脫離這個泥淖，我不再依賴那些書籍所提供的技巧，而是去研究對自己有用的時間使用法。我一邊發現能和自己的核心價值連結在一起的事物，一邊靠自己的力量，一點一滴修正二十四小時的配置方式，例如「能滿足自己的事物」、「和將來有關的事物」、「能讓家人過得更好的事情」等，當我熟練了所有的技巧後，也就了解什麼才是讓自己滿意的使用時間方法。

你滿意你的時間使用方式嗎？

活躍於職場，對自己的工作感到滿意且為此自豪的人，他們在工作以外的生活狀況又是如何？如果再加上教育孩子、家事和自己想做的事情一起檢討的話，還能維持這麼高的滿意度嗎？

這麼說雖然有點自負，但我認為像自己這樣可以同時兼顧好幾件事，還能創造出時間來滿足自己的人應該不多，我很常聽到這類煩惱，「工作是處理得不錯啦，家裡就……」、「家庭沒問題，工作上卻……」、「雖然兩邊都算有顧到，但如果被問到是否滿意，說實在……」。

我想應該有不少人都是為了得到幸福，才願意建立家庭、努力工作。儘管如此，自己的時間卻因此沒了，只能在家庭和工作之間二選一，心裡苦於不能做自己想做的事，整天擺出一張鬱鬱寡歡的臉。

過去我也曾經歷和上述相同的不滿與煩惱，而造成這些問題的原因，幾乎都可以歸結到有沒有自己的時間。我像走鋼索般完成了工作、家事以及育兒，過程中一直在思考關於時間的事情。「時間的累積，就是自己的人生和生活方式，我該如何使用時間，避免浪費」，我一邊想，一邊進行了諸多嘗試。

我認為，能創造出時間的人，就可以把自己的時間轉換成數字並加以掌握。這些人能藉由加減這些數字的方式，把時間使用在自己人生中重要的節骨眼上，換句話說，他們很懂自己的生活方式。

這些人以自己的價值觀為基準，來選擇與之搭配的時間使用方式。藉由時間管理，可以把壓力和情緒等難以數據化的事物，納入自己的掌控之中。

本書的目的，就是希望能幫助讀者重新審視使用時間的方法，讓各位可以選擇屬於自己的生活方式。我相信，目前正在閱讀本書的你，滿腦子想的應該都是希望改變使用時間的手段，就和以前的我一樣，正努力尋找如何才能不被時間追著跑的方法。

本書將會以簡單易懂的方式，拆解我所發現的方法。相信讀者們在閱讀之後，一定也能找到屬於自己的時間使用方式。

「沒時間很正常，忙碌的生活不可能有所改變。」如果你有這種想法，那麼請務必參考本書內容，然後奪回時間的掌控權，找到令自己滿意的生活方式。要知道，能夠安排自己時間的人，只有你自己。

序　章

另一半都不幫忙，家裡的事都是我做！

1 親力親為才是好媽媽？大錯特錯

在結束第一個孩子的產假回到職場後，我的生活立刻失去了自己的時間：每天早上七點踏出家門後，先是送孩子到托兒所，然後在前往公司的途中處理電子郵件；早上參加討論和會議；中午時，午餐往往是便利商店的飯糰，且嘴巴咀嚼食物的同時，手也繼續敲打鍵盤。

除了一般的例行事務，有時還得應付主管突如其來的要求和處理急件，往往一不留神就到了下午五點半。為了到托兒所接孩子回家，我必須在晚上六點準時下班才行。因此在下班前三十分鐘，我會開始整理需要帶回家處理的業務，和同事簡單寒暄告別後，立刻衝出公司。

回到家裡，還是手忙腳亂。首先要餵孩子吃飯、讓孩子洗澡、處理洗衣服等家事，接著打開電腦，處理工作。時間過得飛快，一下子時間就來到晚上十二點，這時我慌慌張張回到寢室，躺上床三秒鐘就進入夢鄉。

這就是當時我所過的生活。想當然，我根本沒有多餘的時間，從事自己最喜歡的瑜伽和閱讀，只能盼著週末的到來，然而就算到了假日，還是得先忙完平日沒有時間處理的打掃和購物，依舊沒有自己的時間。

日復一日我都忙於加諸在自己身上的工作，根本無法從事自己想做的事情。儘管如此，當時我依然相信，只要能掌握住生活節奏，這樣的狀態就一定會有所改善。然而從四月春天重新回到職場，到蟬兒鳴叫的夏天為止，我的生活並沒有任何變化。當時我總覺得很焦躁，卻不知道原因出在哪。

現在我總算明白，那時的自己身上攬著太多要做和必須做的事，所以才會沒有時間。過去我總認為，所有事情都必須親力親為，因為沒有人會替你做。要是休息請假的話，就會給公司添麻煩；如果自己不夠努力，孩子就過不上好生活。這些想法讓我的精神一直處於緊繃疲憊的狀態。

上面就是以前我的真實處境，相信現在也有很多人和過去的我一樣，深陷這種泥淖中。這裡我想問各位一個問題，對你們來說，究竟什麼是要做的事，和必須做的事？工作、照顧孩子、家事，如果只是用文字羅列出來看似簡單，但在這些詞彙中，包含了大量需要去完成的事項。

比如工作，包含處理電子郵件、製作資料、管理部屬等；以照顧孩子來說，需要接送他們上下學、哄他們睡覺等；家事則有煮飯、洗衣、掃地等，以上這些如果還要詳細列舉的話，真的會沒完沒了。

過去的我並沒有把要做的事情，和使用的時間分開來看，只是單純接受這個也得做，那個也得做，然後把自己搞得焦躁不安。腦海中根本沒有「停下來」，但這個卻是最重要的選項。

2 是你自己選擇了沒有時間的生活

「該怎麼做，才能增加可以自由使用的時間？」這是我現在最常被問到的問題。

我建議他們，「首先把使用的時間以數字的方式記錄下來」、「一開始，可以試著把自己所做的事情視覺化」、「把工作拆解開來重新檢視，就能創造出時間」。

然而提問者卻回覆：「妳所建議的事項我可做不到」、「妳的建議，在我上班的地方行不通」、「另一半都不幫我忙，為什麼做事的都是我」，會做出這種回答的人，其實已經陷入習得性無助（Learned Helplessness）的狀態之中了。習得性無助，是心理學家馬汀．塞利格曼（Martin Seligman）所創造出來的心理學名詞，指的是人若在一段長時間裡，一直背負無法迴避的壓力，那麼這個人將喪失掙脫出這種環境的動力。

長期被時間追著跑，過著勉強完成工作、家事、育兒的生活之後，人們很容易會冒出「每天只要能不出問題就好」的想法，就算覺得現在這種狀態讓自己很不舒服，或哪裡怪怪的，腦中也不會有任何想要改善現況的想法。

以前的我就是這樣。一旦習得性無助上身，儘管自己也想有所作為，但「如果做了改變，搞不好會把事情弄得更麻煩」，這種想法總是勝於想要改變的心情，讓我無法以寬廣的視野來看待事情。

視野狹窄的人，容易把鎂光燈聚焦在不盡人意的現狀上，無法冷靜觀察自己所處的環境。這種人在現實中，就算必須處理的事情只有一件，他也會拿放大鏡來觀察，直到把它看成一百件為止。也就是說，這種人過度放大自己必須去做的事情，且感覺要做的事情還變多，什麼都得親力親為才行。

如此一來，只會讓自己覺得越來越沒有時間，無法從容運用時間。到了這種程度時，就會聽不進他人的意見，也不會有動力想要改善現況，就讓自己一直待在這樣的環境裡。

睡眠不足，是忙碌的人身上容易出現的另一個大問題。

讓人產生動力的相關物質有血清素、多巴胺和腎上腺素，這三者會在人類睡眠時分泌，因此當人們的睡眠時間短又淺時，腦內分泌物質就會不足，容易發生習得性無助的情形。因為時間不夠用，而縮短睡眠時間，或是小孩在夜裡哭鬧，導致經常處於淺眠狀態的雙薪家庭父母，需要特別注意這點。

儘管如此，我在這裡還是必須不留情面的說，是你選擇了沒有時間的生活。要是一個人過於習慣沒有時間的生活，他自然不會有動力想要逃離現狀。如果真心想要做出改變的話，首先得打開自己的視野，然後逐步調整與修正，除此之外別無他法。

當時我越來越厭惡那個對工作和家庭都感到焦躁的自己，「為什麼什麼事都是我！」這種想法也愈加強烈。在這種情況下，我和丈夫無法愉快的交談，就算在家裡也經常忽視對方；職場上，因為我總是時間一到就趕緊收拾下班，所以總覺得對公司和同事有點愧疚。明明自己已經很努力了，但每天還是過得很辛苦。

「這樣下去不行，自己的事情得自己解決，沒人幫得了。」我開始去思考，為了找回那個行事從容的自己，該如何創造出時間。我試著重新梳理，哪些是對自己而言重要的事情，然後不再去做其餘不重要的事。

從結果來看，我越來越滿意我運用時間的方式。這是上班族兼一人要帶兩個小孩的我都能達成的事情，正在閱讀本書的你，肯定也能做得到。

3 時間跟理財一樣，你要對支出有感

把沒有時間掛在嘴邊的人，其實無法正確掌握自己在一天內，花了多少時間在什麼事情上。

很少有人能真正了解自己使用時間的方式，就和過去的我一樣，因為時間不同於金錢，肉眼無法看見到底用了多少。雖說如此，我們還是可以用管理金錢的方法，來管理時間。許多人只不過是不清楚做法，或是覺得很麻煩，所以沒有執行罷了。

如果你今天想要存錢的話，首先要弄清楚自己的收支情況，了解自己從哪裡賺到錢，把錢花到哪裡去。舉例來說，「一星期前才從提款機領了三萬日圓，五天後到便利商店買東西，才發現已經花光了」，這種人是絕對存不了錢。時間也是如此，如果無法掌握自己在某件事上花了多少時間，當然就不能創造屬於自己的時間。

想掌握時間，需要運用時間錢包這種思考方式。每天，我們會把二十四小時放進時間錢包。只要不能掌握自己會把時間用在什麼地方，就更不用說要去創造時間。

扣除睡覺、工作、洗澡、吃飯等生活所需的時間，其他時間要做什麼好？工作中，扣掉開會、製作資料和與客戶見面外，剩下的時間又該如何使用？核對這些項目以及花費的時間，就是去檢視使用時間的方法，也可稱之為時間視覺化。

過去，我雖然會使用一些能省時的小技巧，或生活祕訣（Life Hack），卻沒有辦法持續為自己創造時間，問題出在我沒有從一開始就採用時間視覺化。只是記住能早點回覆電子郵件的訣竅或電腦的快速鍵，或嘗試把食材先冷凍起來，縮短做飯時間等方法，這些只能算是採用了部分技巧，無法持續打造出讓自己滿意的時間。

為什麼？因為自己無法完全掌握每天耗在電子郵件上的時間、使用快捷鍵來處理電腦作業的時間，或是花在煮晚餐的時間等，因為不清楚時間錢包裡有多少餘額，也不知道花了多少出去，所以就算想執行一些省荷包技巧，也是收效甚微。

唯有精準掌握什麼事要花幾分鐘解決、將時間視覺化後，我們才有可能拆解時間的使用方式。

4 明明兩小時可做完，我竟用了四小時

關於時間管理的具體操作方法，我會在第一章說明，這裡先向各位讀者介紹最基本的視覺化。僅只是掌握此方法，就能輕鬆打造出時間。

首先我們要知道，時間並不是物體，就算我們想看也看不見。因此，若想讓時間視覺化，就只有將其記錄下來這個方法。或許有不少人會覺得：「什麼！還要記錄，太麻煩了！」但大家在日常生活中，其實早就在已經在實踐了。相信各位為了管理明後天的時間，應該用過不少工具吧，以下舉幾種代表性的方式：

- 在手帳或記事本裡，寫下預定要做的事情。
- 使用 Google 日曆。

● 把預計要做什麼的時間設提醒。

應該沒有人只靠腦袋就能記下全部待辦事項吧？人們為了能看見生活中的時間，並對其管理，會記在記事本裡，但要注意的是，視覺化最重要的並不是管理未來的時間，而是已用過的時間。

只要我們把使用過的時間記錄下來，就會發現用過的時間，和本來預計的有一定落差。例如我們在記事本上記下：和朋友一起喝茶一個小時（預估時間）。但實際上翻看過去的紀錄時，卻發現花了兩個鐘頭。因此，我們首先要分別記錄事情的預計時間和結果時間。如此就能一眼看出，時間錢包裡的時間，是如何被超額提用。

提高預估時間的精準度

會發生超額提用的原因，主要有估算時間不夠精準，以及用途不明這兩點。如果換成金錢的話，假設一個人手上只有一萬日圓，那他就只能花這一萬日圓，時間也一樣。

大家都知道，每天固定就是二十四小時，不多也不少。儘管如此，我們在評估時間時卻很漫不經心，往往把在二十四小時之內處理不完的事情，一股腦兒承接下來，然後死命往這二十四小時裡塞（不管是工作、家事還是育兒）。

在我還沒把時間視覺化之前，也總覺得時間不夠用，實際上卻是我接下太多工作和業務，超出原本用於工作的時間，進而擠壓到做其他事情，所以才總覺得不夠用。

雖然解釋起來很理所當然，但利用時間視覺化，來正確掌握時間不夠的原因，以及具體使用的時間相當重要。例如，公司指派你去完成A任務，你心裡想著，辦妥這件事，應該只要兩個小時，最後卻花了四個小時才解決，而這超出的兩小時，就會擠壓到你做其他事情的時間，但只要能把這件事情好好記錄下來，當下次再遇到同樣的業務時，就可以正確估出自己所需要的時間了。

為了能精準掌握自己處理工作所需花費的時間，各位不妨可以試著用計時器來實際測量（見下頁圖一）。剛開始雖然會覺得有點麻煩，但這麼做確實可以看見自己的時間，提高評估時間的準確度。

圖一　用計時器測量每項工作所需要花費的時間

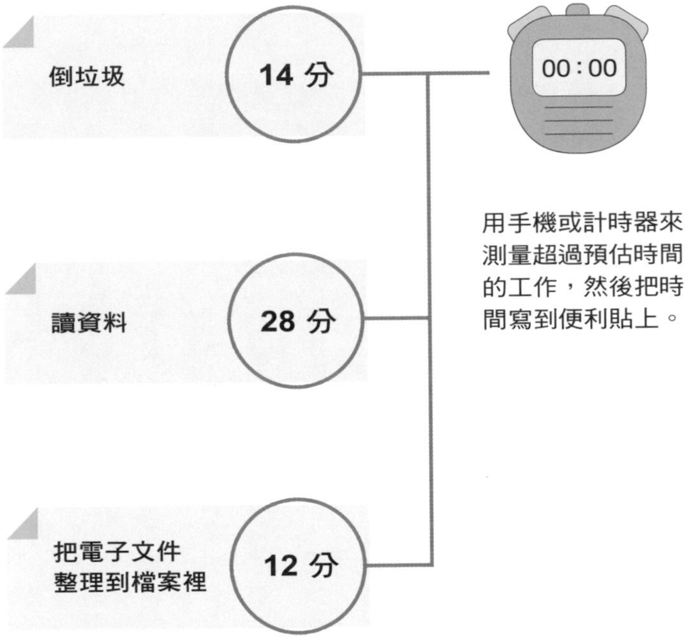

為了正確掌握時間，應用計時器來測量做家事和工作所需的時間。

減少用途不明的時間

造成超過預估時間的原因，還有用途不明時間。

把二十四小時視覺化後，會意外發現到，自己有許多用途不明時間，像是：

- 閱讀網路文章，或是打開手機App，查看是否有新通知。
- 讓自己放空的零碎時間（五或十分鐘）。
- 工作的桌面擺滿各式資料，不自覺就會伸手過去碰一下。
- 明明在做A，但一不留神自己竟然在查關於B的資料。
- 沒有系統整理過較為單純的業務內容，每次都從零開始執行。

上述事項都只是數分鐘之內的事，很容易讓人覺得沒什麼大不了，但這幾分鐘一旦累積下來，還是會讓我們損失許多時間。

我把自己滑手機（瞄一眼社群網路或網頁）的時間、不時確認電子郵件的時間，以及雖然是例行公事，但因沒有系統整理，所以每次都會浪費掉的時間等，統稱為用途不明時間。這些零碎的幾分鐘累積起來，竟然每天可以占到至少一小時以上。

許多人就像過去的我一樣，都認為這些零碎的時間沒什麼，為了幾件數分鐘就能完成的事情，卻還要一一去思考該如何處理，豈不是太折騰人？可是，一旦我們把這些事情視覺化、系統化之後，節省下來的這數分鐘，就能儲存在時間錢包裡，讓自己可以有效運用。

當視覺化整體的時間後，就能準確評估時間，進而減少無意間的浪費。只要可以把這些零碎時間累積起來，就能為自己創造出時間。

下一章起，我將會正式向各位介紹，如何讓自己的時間視覺化的技巧。

POINT

- ☑ 打開自己的視野，慢慢改變。
- ☑ 明確掌握做這件事情，需要花多少時間。
- ☑ 看好自己的時間錢包，要對時間的支出有感。
- ☑ 提高評估時間的精確度。
- ☑ 減少用途不明的時間。

第 1 章

時間是一種取捨，你想拿什麼來交換？

1 看似完美的時間規畫，為何無法執行？

我們一天的二十四小時可以分成以下三類：

- 生活時間（睡眠、飲食、洗澡、上廁所等，生活中不可或缺的時間）。
- 常規時間（在公司裡的時間，工作、家事、接送小孩的時間等）。
- 個人時間（可自由運用的時間）。

談到使用時間的方法時，我會這麼強調視覺化是有原因的。我們要是沒有把自己所使用的時間分成生活時間、常規時間、個人時間，且明確掌握住數字的話，就無法看清楚當下的狀況，也就無法得知該從何處開始著手。

如果拿管理金錢來比喻的話，這種做法就和在零用錢收支簿上，清楚記下資金的流動是一樣的，正因看不見時間，所以我們才要讓它可看見。另外，日常生活中會強烈覺得時間不夠的人，通常是因為缺乏個人時間所致。忙到昏天暗地、一人育兒的父母，就完全沒有個人時間，所以他們才會覺得每天都好忙，時間也用到分毫不剩，卻沒有任何充實感。

我們把時間都花在哪些事情上了？比如，生活時間（吃飯、睡覺等）為十二小時，常規時間（工作、通勤、到托兒所接送小孩等）為十小時，個人時間（花在做自己喜歡的事情的時間）為兩小時的話（下頁圖二），時間錢包裡的時間就是十二＋十＋二＝二十四小時，每天分毫不差。理論上，既然都有個人時間了，應該不至於會覺得沒有時間才對。然而現實生活中，幾乎沒有人可以完美執行這樣的時間分配。

起初我也覺得奇怪，為什麼自己明明照著筆記本上的規畫在生活，可是時間依舊不夠？這點一直讓我百思不得其解。於是，我決定開始對這三部分的時間視覺化，以檢視自己到底把時間都用去哪。

圖二　這種時間分配看似很完美，但現實中難以執行

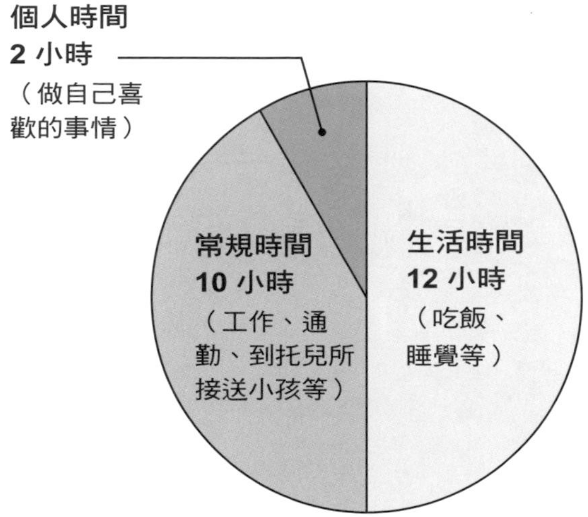

2 不擅長的事、無法成長的事，少碰

接著讓我來向各位介紹時間視覺化的具體做法，大致可分為以下三部分：

1. 藉由二十四小時制的時間紀錄表，讓時間可看見。
2. 使用便利貼做進一步細分。
3. 為用過的時間打分數。

❶ 藉由二十四小時制的時間紀錄表，讓時間可看見（見下頁圖三）

①準備好紙（直式的二十四小時制手帳或 Excel）。

圖三　二十四時制時間紀錄表的範例

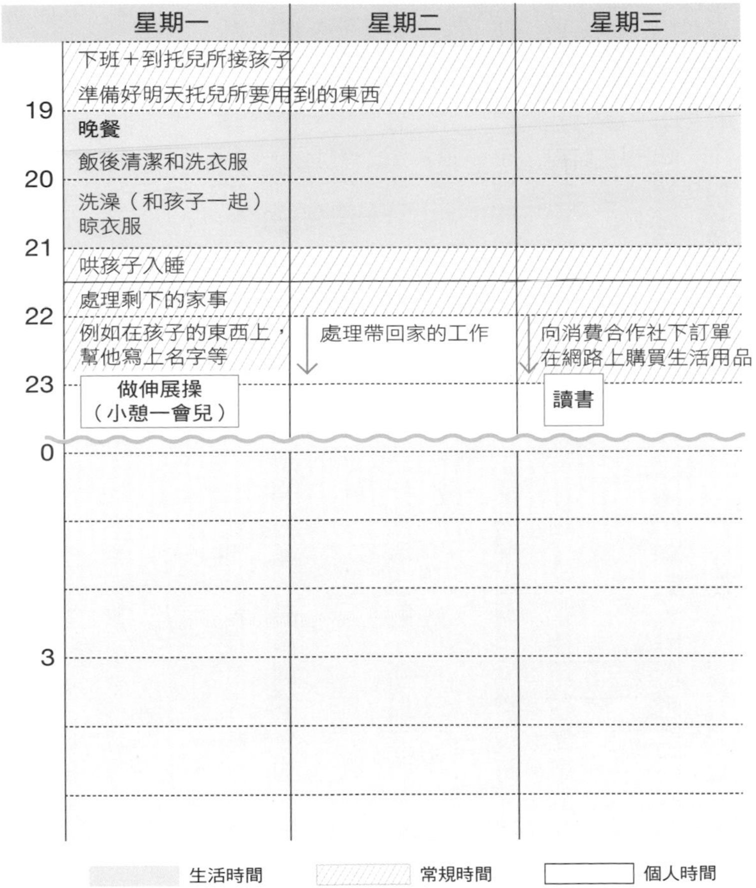

	星期一	星期二	星期三
	下班＋到托兒所接孩子		
	準備好明天托兒所要用到的東西		
19	**晚餐**		
	飯後清潔和洗衣服		
20	洗澡（和孩子一起）		
	晾衣服		
21	哄孩子入睡		
22	處理剩下的家事		
	例如在孩子的東西上，幫他寫上名字等	處理帶回家的工作 ↓	向消費合作社下訂單 在網路上購買生活用品 ↓
23	做伸展操（小憩一會兒）		讀書
0			
3			

這是我生下第二個小孩、剛回到職場的時間紀錄表。我首先把生活時間、常規時間和個人時間分開，以掌握整體的時間，然後用不同的顏色做標記，讓自己一目了然。

②記下起床和就寢的時間，把睡眠時間塗滿（確保睡眠時間，不要動它）。
③記下起床後的生活時間（吃飯、洗澡、上廁所等），並將其塗滿。
④記下常規時間（工作、通勤、到托兒所接送孩子等）。

首先我們要準備好一張紙，使用直式（二十四時制）的手帳或 Excel 都可以。然後在起床的時間處畫一條線，接著把睡覺時間塗滿，最後剩下來的十幾小時，就是放進你時間錢包中，可以使用的時間。

接下來要塗滿生活時間，因為這部分是無法減少的，所以先將其視覺化，再來是在常規時間的部分畫線，最後在個人時間處畫線。

將上述時間以不同的顏色區分，例如生活時間用黃色、常規時間用粉紅色、個人時間用綠色，如此畫線區隔出來之後，就能一目了然，使用螢光筆的話，則能看得更清楚且易於掌握。

最近出現了可在智慧型手機上操作的時間紀錄表，雖然也是不錯的選擇，但想要把時間視覺化，最佳利器還是手寫便利貼。

❷ 使用便利貼做進一步細分（見下頁圖四）

大致做好三天的時間紀錄表後，下一個步驟，就是把使用時間具體寫在便利貼上，然後貼在紀錄表上。用便利貼的好處在於，之後若有變更，比較能靈活移動。生活時間、常規時間和個人時間，每一項都可以再做細分，首先讓我們從時間最長且落差最大的常規時間來試試看。

我最初做這件事的時候，是從常規時間中的工作項目開始檢視，所以以此為例，來向各位介紹。大家其實不妨以「從起床到出門上班」作為一個時間區段，這樣在執行時也比較容易。

如果上班時間從早上九點到晚上六點，請記錄自己在什麼項目上花了多少時間。以我為例，早上八點開始，我會先用三十分鐘來回覆電子郵件，接著開會用掉九十分鐘。下午兩點起，用三十分鐘來確認開會前的資料，然後下午三點開始，開一場約為九十分鐘的會議。我會把工作內容和所花時間，像上述這樣記錄下來。數字可以抓個大概就好，但盡量採用和實際使用的時間較接近的單位。

圖四　用便利貼進一步細分

	星期一	星期二	星期三
5			
6			
7			
8	回覆電子郵件 30 分	回覆電子郵件 30 分	回覆電子郵件 30 分
9	每週的第一次會議（超過 30 分鐘） 90 分	工作上的電話聯絡 30 分	提交資料和蒐集資訊 60 分
10		完成資料 60 分	和負責同一個專案的同事們開研討會 90 分
11	和同事討論事情 30 分	和主管討論共同負責的專案管理資料 60 分 ↓ 90 分	
12	製作下個月的報告用資料 60 分		搜尋需要補充的資料 30 分 詳細計算經費 30 分
13	午餐		
		出門 30 分	
14	會議前的資料確認 30 分	和主管一起拜訪客戶 90 分	製作要提供給客戶的資料（下星期） 60 分
15	會議（超過 30 分鐘） 90 分	回公司 30 分	和其他部門的共同會議（超過 30 分鐘） 90 分
16	整理會議記錄 30 分	提交主管要求的資料（45 分鐘完成） 60 分	
17	回覆電子郵件＋儲存資料 30 分	回覆電子郵件＋儲存資料 30 分	回覆電子郵件、電話業務 60 分
18			

	星期一	星期二	星期三
19	晚餐		
20			
21			
22			
23			
0			
3			

把工作內容記錄到便利貼，然後將其貼在時間紀錄表上，能讓我們大致掌握整體情況，利於找出瑣碎時間。

這樣做之後，各位一定會開始注意到某些事情。像是「奇怪，這三十分鐘我到底做了什麼？」開始有這種無法填補上的空白時間。過去我雖然總是把「沒時間、忙翻了」掛在嘴邊，卻還是會發現「這三十分鐘我做什麼去了？怎麼完全想不起來……」，這種就是用途不明時間。

我還記得自己曾為此事反省檢討了一番，「與其拚命在網路上找一些節省時間的小技巧，不如把用途不明的時間給揪出來，還比較實際」。用途不明時間多的人，可以試著使用手機上的螢幕使用時間功能來提醒自己（左頁圖五），這個功能可以立刻讓人知道，自己每天花了多少時間在什麼App上。

把時間紀錄表和螢幕使用時間拿來相互比較後，就能知道自己在無意識之間，花了多少時間在手機上。螢幕使用時間不會說謊，經常使用電腦或平板的人，請養成看螢幕使用時間的習慣（Mac＝Screen Time、Windows＝Manic Time，其他還有對應PC的軟體），這樣才能看一眼就知道，自己花了時間、時間區間和內容。就算一個人有想要改善，但只要沒有看到實際數字，也很難有危機意識。

時間紀錄表沒有記錄手機使用時間的話，我們就把它給補上吧。許多用途不明時

圖五　透過螢幕使用時間，找出用途不明時間

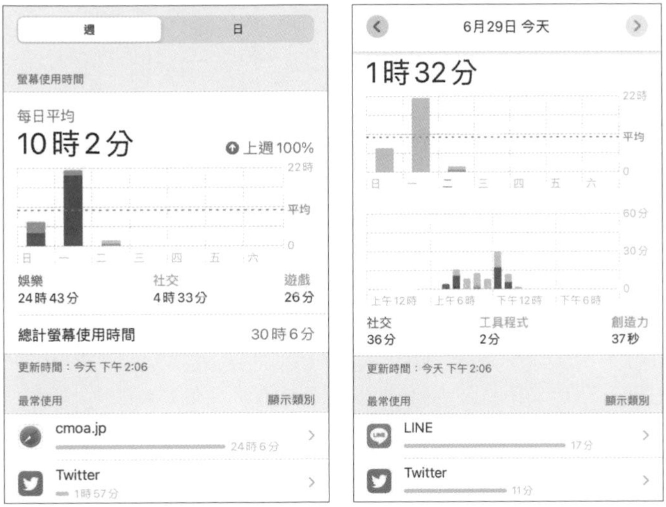

手機的螢幕使用時間功能，可以立刻知道花在手機上的時間。儘管自己可能多少有點底，但只要沒看到數字，就不會有真實感。

間很多的人，原因都出在花太多時間在手機上，讓我們一起揪出這些浪費掉的時間。

到這裡為止，我已經藉由時間紀錄表，以及寫在便利貼上的工作內容，大致讓時間視覺化。我注意到在回覆電子郵件後，有三十分鐘是空白的，雖然可將其視為用途不明時間，但也極有可能是回覆電子郵件所花的時間遠遠超過自己預期。沒錯，這

就是我在序章提過的超過預估時間。

之後我花了好幾天，用計時器測量了我花多少時間在回覆電子郵件，發現自己經常花超過三十分鐘在處理這件事。回覆電子郵件可分為撰寫郵件、閱讀理解郵件內容，以及回信等時間，我將內容細分後，再用計時器來測量（第五十八頁圖六）。這個做法讓我找出，自己究竟把時間用在了哪一個環節上（撰寫、閱讀）。

至於沒有發生這種情況的工作，我們還是可以將其分解，並拿計時器來測量，由此幫自己找出，哪些工作比預估的還要花時間。比如，打掃房間還可以細分出用雞毛撢子除塵、用吸塵器打掃以及擦地板等，我試著測量自己做了什麼、花了多少時間，這讓我發現，本來以為用雞毛撢子除塵只要五分鐘，實際上卻花了十三分鐘。

我注意到，自己在掃除時，基本上都會超過預估時間。從這件事開始，我逐漸意識到，自己在好多地方都用掉太多時間，根本可以說是做過頭。然而我沒有設法去縮短，而是改成決定在星期幾打掃，以及利用掃地機器人或找人來幫忙。之後在講減法時還會再次提到，超過預估時間，實際上就是使用時間超過自己所認為的時間。

會發生這種事，可以歸納為自己不擅長這類事情、工作過於複雜、自己是個完美主義者（標準設得很高）等原因，為此我們可以試著制定，像是只在星期幾做這件事，這類具強制性的不做手段，或是把這份工作交給別人完成，如此一來就能提升評估時間的精確度。

❸ 為用過的時間打分數（第六十二頁圖七）

下一步要做的是為時間打成績，評價標準為時間性價比，亦即不是藉由使用過的時間，而是透過取得的成果是否豐碩來判定。

具體做法就是，使用○△×這三個符號，來評價這段時間自己是否滿意。

舉例來說，每天上班的通勤時間為三十分鐘，對於利用通勤時間來學習英文的人而言，這是強迫自己學習英文的三十分鐘，所以從時間性價比上來看，可以打○；「通勤實在太麻煩了，我一邊心裡嘀咕，一邊玩手機遊戲」，對這樣的人來說，就該打×；「三十分鐘的遊戲時間可以幫自己消除壓力！今天也要全力以赴工作」，如果是這麼想的人，或許時間性價比就是○。

圖六　找出超過預估的時間

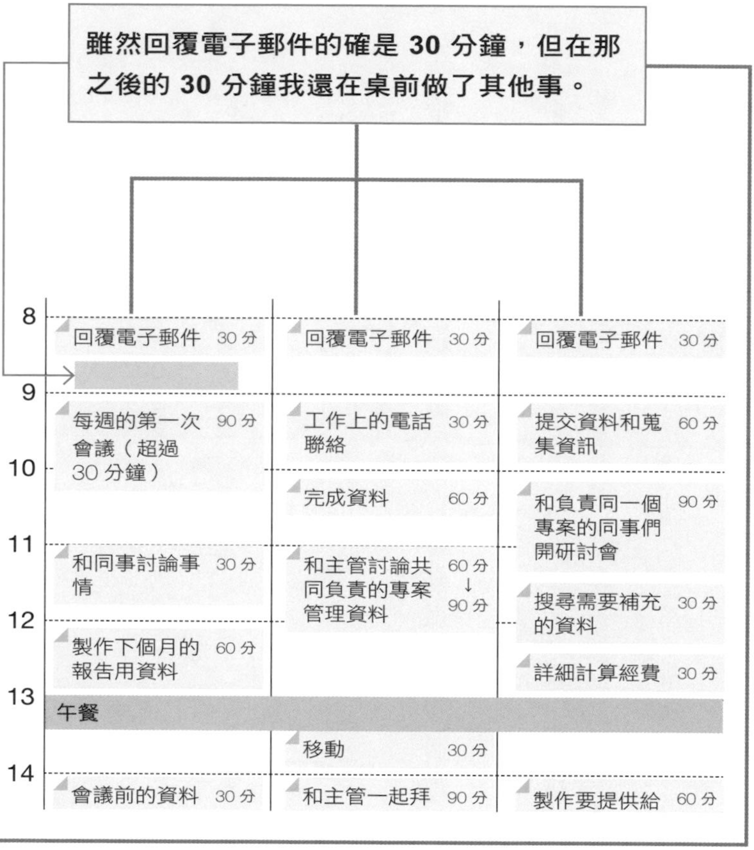

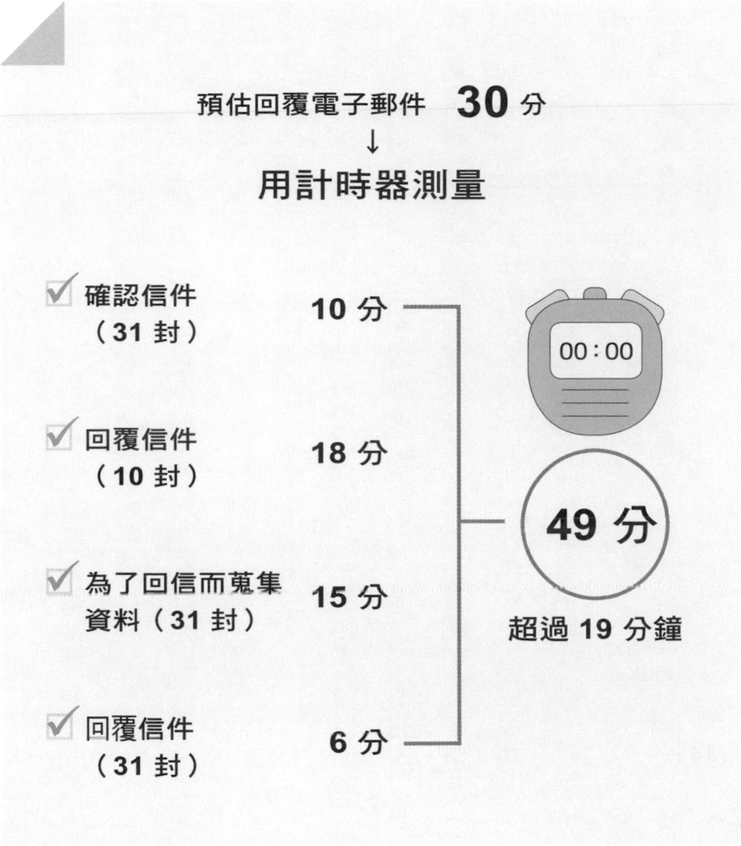

用計時器測量便利貼上每一項工作所需的時間，這樣就能找出比自己預期花費更多時間的項目。接著會發現，自己會花比較多時間在不擅長的領域。

有許多〇的人，因為正面看待自己使用時間的方式，雖然每天都很忙碌，卻活得相當充實。然而有些人雖然〇很多，卻總是忙得團團轉，難有時間停下腳步，這類人很有可能事情做太多，且容易衝動行事。

只因一頭熱，就去做許多自己感興趣的事，也可能是時間不夠的元凶之一。對這類型的人來說，最重要的是去篩選，什麼才是應該去做的事情。

有很多△的人，對自己使用時間的方式仍抱有遲疑。

他們會去思考：「難道自己不能做得更好嗎？」這類人對自己能否有效使用時間很沒自信，而且對選擇生活方式和行動也缺乏信心。但這類型的人只要稍微對時間做加法、減法，很有可能迅速的把△變成〇。只需透過時間記錄（Time Log）的方式，稍微思考一下時間分配的方法，就能讓他們想出好點子來改變現狀。

至於一堆×的人，想必每天都難以生活，疲於奔命吧。

對這類型的人來說，用過的時間，完全無法和自己的幸福，以及成長有任何關聯。這類型的人有許多都是完美主義者，因為要求原本就很高，所以沒有辦法對任何事情打上〇。

此外，他們還會拿過去的自己（以能夠自由使用二十四小時的自己為基準），或是身邊優秀的人物（以他人為基準），來和自己比較。直到利用時間視覺化，他們才終於意識到，「自己這樣真的不行啊」。我過去也是這個類型，這類人所需要的，是改變評價的基準，透過打造屬於自己的量尺，為自己打上滿意的〇（這部分會在第三章詳細說明）。

圖七　你滿意這段時間嗎？

摺衣服	10 分鐘	× 不知道這件事有沒有意義
整理儀容	10 分鐘	△ 從皮膚狀況就能知道身體狀況
準備早餐	10 分鐘	× 是必須做的常規作業……但不太滿意
準備幫孩子換衣服	30 分鐘	× 小孩起床時會鬧脾氣，好煩
送孩子到托兒所		○ 可以關心小孩的身體狀況並和他們說說話
通勤（閱讀）		○ 唯一能鬆口氣的時候
回覆電子郵件	30 分鐘	× 總是會超過時間
每星期的第一場會議	90 分鐘（超過 30 分鐘）	× 拖延時間或偏離主題，讓人困擾
和同事見面	30 分鐘	○ 可以知道職場中的事情，還不錯
製作下個月要口頭發表的資料	60 分鐘	△ 先做比較好，早點完成它
會議前的資料確認	30 分鐘	○ 事前確認，開會時比較輕鬆

會議 90 分鐘（超過 30 分鐘）	× 部長在會議中加入很多事，怕延誤到接孩子的時間，心裡很緊張
整理會議紀錄 90 分鐘（超過 30 分鐘）	× 會議紀錄有人看嗎？
回覆電子郵件＋儲存檔案 30 分鐘	○ 為了預防就算孩子突然身體不舒服，自己也能離開工作崗位，所以把檔案存到雲端
回家（看社群網站、電子郵件） 30 分鐘	○ 確認一天之中的私人聯絡事項
到托兒所接小孩 15 分鐘	△為了孩子
準備明天托兒所要用的東西	○ 這樣明天會比較輕鬆
準備晚餐 15 分鐘	× 希望能縮短時間，因為也沒有很好吃
餐後收拾 15 分鐘	× 等孩子吃完飯的過程，使人著急
晒衣服 15 分鐘	△ 不討厭晾衣服，但孩子會在一旁黏人，讓人焦躁
哄孩子們睡覺 30 分鐘	× 在黑暗中閉上眼 30 分鐘！太難受了

把便利貼貼在紙上，然後為每一個項目打分數。於○△×旁寫上自己的想法，以及得出這個想法的簡單理由。

3 許多人一直喊好忙，卻不做任何改變

一天有二十四小時，一週有一百六十八小時，每個人的時間都是有限的。不論是大人、小孩、有錢人、窮光蛋、忙碌的人或悠哉的人，都無法增加、減少自己的時間，且既無法儲存，也無法讓渡給他人。藉由每個當下的累積，我們的每個小時、每一天、每一年，無不在塑造自己的人生。

儘管上述內容是如此理所當然，但直到我把時間視覺化後，才開始真正意識到這件事。不管是用途不明的時間，或是被一大堆事情追得喘不過氣，都是自己的選擇。

我每天都在確認手機有沒有新通知；嘴上一邊喊忙，但還是細心的回覆電子郵件；在不確定是否需要某項資料，姑且還是把這項工作帶回家加班完成；家事做不完，洗碗盤時無法專心去聽孩子們說了什麼，以上都是我的選擇。

我們可以將這些使用過的時間，看成是一個個的小點，這些小點將不斷累積，當我們回過頭審視時才發現，它們已經連成一條綿長的線了，而這條線，正是我們的人生和生活方式。使用時間的方式，就是我們每個人的人生，而每個人的生活方式，也都展現出個人的價值觀。

我雖然一直喊著好忙，但還是把每天僅有的二十四小時都花在常規時間上，所以不能去做自己想做的事，也無法好好的陪伴孩子，歸根究柢，都是自己選擇了這種生活，以前一想到這裡，我就覺得很心酸。

德蕾莎修女（Mother Teresa）說過一段名言：「要注意自己的想法，因為它會變成你說的話；要注意自己說的話，因為它會變成你的行為；要注意自己的行為，因為它會變成你的習慣；要注意自己的習慣，因為它會變成你的性格；要注意自己的性格，因為它會成為你的命運。」

我認為這裡的想法，指的是決定該如何使用時間的價值觀和判斷基準；說的話指的是把要花〇〇小時，寫在記事本的行事曆上，然後上述這些就會變成行為，最終演變為一個人的命運，和自己的人生緊密連結在一起。

4 同樣一件事，晚上做比白天做更耗神

當我在看時間紀錄表時，首先注意到了用途不明的時間，以及認知到自己無法精準評估時間。接著，藉由為使用過的時間打分數，來看清自己的時間使用方法。

此外我還發現一件事，我在自己不熟悉的事物上，會用掉比自己預期更多的時間，而相同的工作，中午前和中午後所花的時間也不一樣。為什麼會有這種現象？因為時間的使用方法，其實與意志力和思考力息息相關。

我過去經常把工作帶回家，雖然工作內容一樣，但晚上所消耗的時間卻和白天大不相同。夜裡，我至少需要投入比白天多一．五倍的時間來處理業務，我也是看到紀錄時，才驚覺明明是同一件工作，為什麼差這麼多。在那之後，我就不再把工作帶回家處理，因為效率實在太差了。除此之外，我還盡量把需要動腦的工作，安排在上

午，讓自己晚上只需處理不太會用到腦力的事情，或拿來吸收新知和讀書。

當我能把意志力和思考力也納入考慮，找到屬於自己的使用時間方法後，就能清楚看到自己的時間性價比。

5 時間可視化後，你的自信會增加

試著為時間打成績後，我發現標上〇的行動，也是自己所認可的使用時間方式。許多覺得很忙的人，他們在日常生活中，通常也缺乏積極認同，或誇獎自己的機會，這類型的人，總是把目光聚焦在自己的弱項或不足之處，很容易讓自己喪失自我肯定感和自尊心，但只要把時間視覺化後，我們就能肯定自己「喔，沒想到一天中能標上〇的地方，比預期的還多」、「我好像也沒有想像中那麼差」。

在還沒開始實施之前，我也覺得自己不論做什麼都做不好。但在部分時間視覺化之後，我發現在日常生活中，自己也是可以把事情做好，「我在預計時間內把資料整理出來了」、「我在預定時間內把衣服晾好了」、「有十五分鐘可以聽孩子說話」。當知道自己有妥善安排時間後，就算時間依然不夠，依舊有完成不了的事，自己也能每天用正面積極的態度，來面對生活。
雖然做的事情並沒有改變，但透過視覺化，就能提高個人的自我肯定感。

6 仔細區分，這是行動還是衝動

在執行視覺化之後，有些人會表示，「發現沒有時間去做自己想做的事，很難受」、「知道個人時間原來那麼少之後，整個很鬱卒」。

確實，執行時間視覺化後，你會察覺到自己沒有充裕的時間，來做自己想做的事。這時，我希望讀者們能區分出自己想做的事情，到底是行動，還是衝動。

大家都聽過衝動消費吧。例如，自己本來只想買一條領帶，可是到店裡挑選時，禁不住店員的勸誘，結果最後多買了一件襯衫回家，這就是衝動消費。

這種行為，如果只是偶一為之還說得過去，但經常衝動消費的人，以長遠目光來看，他們不僅無法把錢存起來（想必日後仍會禁不起誘惑），而且還買下原本不在購物清單上的東西，放在衣櫥裡積灰塵。

時間和金錢一樣，當一個人在行程中排入過多衝動時間的話，時間就會從時間錢包裡不斷流出，例如：

- 在社群網站上看到好像挺有意思的活動，就去預約報名。
- 從別人那邊聽到有免費美容諮詢的訊息後報名參加。
- 花時間去學習，考一張自認為能為自己加分的證照。
- 只因朋友說會帶有意思的人一起去，就參加聚會。

以上這些事例或許看起來都對自己沒有壞處，但原本就沒有時間的你，真的有必要去做嗎？說白了，就算不去參加這些事，也不會困擾你，沒有時間的人，最需要省下來上述那些時間。

這個世界上有很多做了比較好的事，如果有無限時間，把這些事情全都做過一遍倒也無妨，但如果你只是一時衝動，那你將會沒有時間去做自己真正想做的事。

話說回來，這不就是在選擇自己的生活方式嗎？

那些對事物充滿好奇心的人，很常覺得有再多時間都不夠用，當遇到這種情形時，可以試著問自己：「這件事我真的必須現在做嗎？」

人生就是不斷交換取捨，當我們得到什麼，就得拿出什麼與之交換。那些有太多事想做的人，請趁現在重新檢視一下，自己是不是把行動和衝動給混為一談了。

我們運用時間的方式，造就了我們的人生。只要把時間視覺化，就能看清自己的人生。

POINT

- 檢視自己目前的二十四小時。
- 區分出生活時間、常規時間、個人時間。
- 試著去掌握，什麼事情，需要花多少時間完成。
- 替自己的行為和時間打分數。
- 找出那些應該要節省下來的時間。

第 2 章

買東西要看性價比，時間管理也是

1 時間管理，重質也要重量

透過時間視覺化看到時間的使用量之後，下一步，就可以來思考品質問題。在我們為時間打上分數，就能看到每一段時間的品質。

這裡，我想和讀者們分享「時間性價比」這個概念，這包含花掉時間所能得到的成果、正面評價、自我滿意度，以及周圍的人對自己的感謝之意等，無法用具體數字測得的事。以我的例子來說，我發現，就算自己在工作上花了很多時間，可是得到的成果（正面評價）卻沒有因此提升。

此外，過去我每天至少用三十分鐘做晚餐，但之後我的想法逐漸改變，「我做的料理又不是什麼珍饈美饌，品項也不多，與其花三十分鐘來做，不如只用十五分鐘，來準備豬肉味噌湯和納豆蓋飯，這樣所得到的效果或許也不錯。」以上是我在綜合考量後所得出的結論，這個改變讓我從營養夠不夠、好不好收拾、孩子們不吃我努力做的飯菜該怎麼辦等負面情緒中解放出來。

在我把時間視覺化之後，我評價時間也越來越精確。例如，自己使用的時間，得到的時間性價比是好是壞，或這些時間能否讓自己得到滿意的成果等。

2 不拖延的人是怎麼想事情的？

左頁有A、B兩張時程表（圖八），裡面的每項工作內容，和所需的時間全都一樣，差別只在於安排的時段不同而已。

很快看過這兩張時程表後，你覺得哪一邊的時間性價比比較好？

答案是B。因為人們的意志力和思考力，在起床之後，會隨著時間而逐漸減弱。

把重要的工作安排在黃金時段

有觀點認為，對人類的大腦來說，每天產能最高的黃金時段，是起床後的三至四個小時。

圖八　哪一個的時間性價比比較好？

時間	A	B
9–10	回覆電子郵件	商量事情
10–11	計算經費	到有往來的廠商處商談
11–12	小組會議	（到有往來的廠商處商談）
12–13	製作會議紀錄	（到有往來的廠商處商談）
13–14	午餐時間	製作提交給客戶的資料
14–15	商量事情	午餐時間
15–16	到有往來的廠商處商談	回覆電子郵件
16–17	（到有往來的廠商處商談）	小組會議
17–18	（到有往來的廠商處商談）	製作會議紀錄
18–19	製作提交給客戶的資料	計算經費

在這份時程表裡，最重要的應該是和往來廠商的大型商談，這種工作應該放在上午處理。

A時程表中，把計算經費、小組會議、製作會議紀錄等，不太需要動腦思考的工作，都放在上午，卻把製作提交給客戶的資料，安排在下班的前一個小時，然而這類工作，不應該擺在下班前（左頁圖九）。

當然，遇到商談或與客戶碰面時，有時候需要配合對方的行程，不可能完全按照自己的預定計畫走。但我們還是可以盡量把自己覺得重要的工作，在安排時程表時，試著和對方溝通，看看能不能將其安排在上午時段，如此得到對方首肯的可能性也比較大。

此外，像B時程這樣，在注意力不容易集中的下午時段，刻意安排小組會議，不讓同仁埋頭默默工作，也是時間配置的手段之一。這麼做，對自己來說不但效果好，也能幫助到同事。如果例行會議的時間是固定的，你可以主動提出希望更動時間，如此一來，團隊整體的效率或許也能提升。

圖九　打造高時間性價比的工作時程表

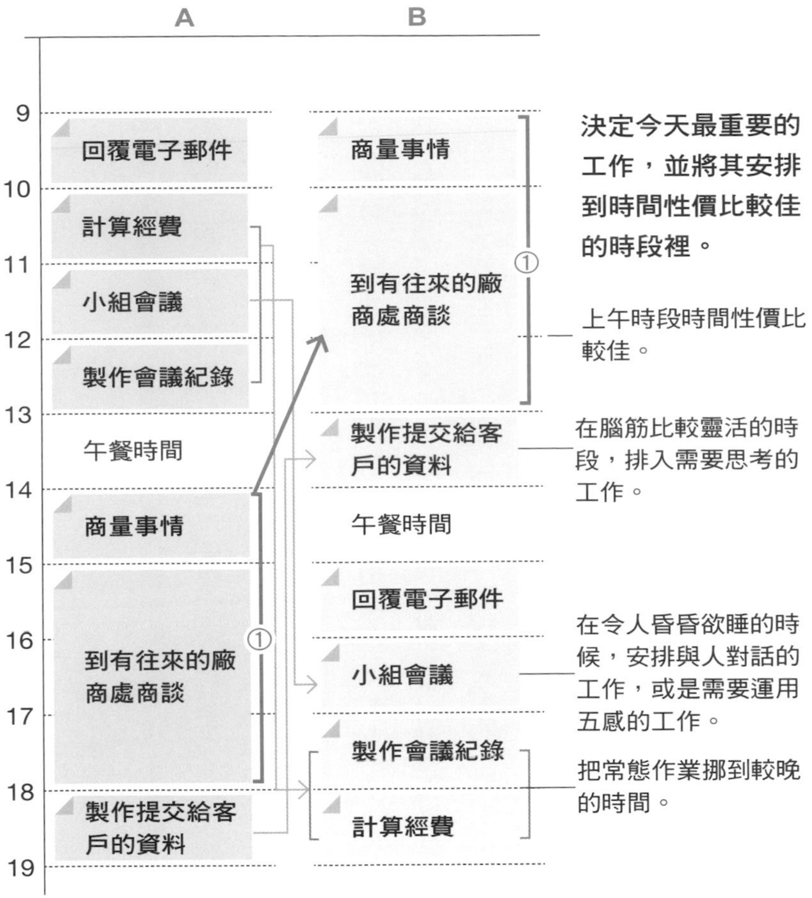

讓自己擁有瞬間視角和未來視角

在第一章的最後，我對讀者們說過，要區分行動和衝動。花在衝動上的時間，很多都只是單純被浪費掉，很難對將來有所幫助。如果不改正過來，仍繼續維持下去的話，你真正想做的行動，自然就會受到擠壓。

在我們所使用的時間背後，到底是衝動，還是能對未來有幫助的行動？要想清楚分辨這兩者，我們需要有「瞬間視角」和「未來視角」才行。

「你能感受到，現在的自己和未來的自己之間，有多少連結嗎？」這種思考方式，稱為自我連續性（self-continuity）。重要的是，為了將來的自己，現在應該思考要採取什麼行動。

除了用瞬間視角來檢視自己使用的時間之外，若還能運用上未來視角的話，將會大幅提升時間使用方法的品質。舉例來說，每個人都知道，天天吃健康的食物、做運動和讀書，將來對自己肯定有好處，然而每天都要注意吃下肚的東西、保持身體健康而做去運動、為了獲取知識所以早起坐在書桌前看書……想必很難堅持下去吧。

如果我們只從瞬間（短時間），來理解一件事情的話，就會覺得自己去買菜做飯很麻煩；比起做運動，舒舒服服的躺在沙發上喝啤酒更吸引人；早上還是多睡點覺比較實在。但如果我們認真去想，其實每個瞬間的累積，都會成就自己的未來的話，「忍住口腹之慾，不在半夜吃拉麵」、「雖然有點麻煩，但只有一個車站的距離，還是用走的吧」、「為了早點起床看書，還是早點睡吧」這些事都能和未來產生連結。這些事情看似簡單，卻很難做到。而做得到和做不到的人之間，正好反映出，他們對於累積短時間，造就未來的認知差異，也就是一個人對自我連續性認識到什麼程度。

在二〇〇九年時，美國史丹佛大學曾發表過一項實驗報告，內容提到「越是能感受到自我連續性的人，他們越不會去拖延事情。」話雖如此，但應該有不少人認為，自己就是做不到啦。

過去的我也和大家一樣，認為自己做不到。因為想創造個人時間，才決定要「早上五點起床來朝活[4]！」但終究還是起不來。本來想利用通勤時間來學英語，最後

4 指利用每天正式開始工作之前的時間，進行個人喜歡的閱讀或感興趣的事物。

圖十　用三種視角問自己，這麼做是否對未來有幫助

	五點起床的朝活	瑜伽
一天的視角	執行朝活，賺到 1 小時！真開心！	做瑜伽可以鍛鍊筋骨，也是個人時間。
一年後的視角	每天有 1 小時，一年就有 365 小時，但睡眠時間也減少，精神不濟。	因為每週都有做瑜伽，所以體重沒有增加。精神也相當穩定。
十年後的視角	朝活無法執行下去。 是說那麼早起來，要做什麼才好？而且前一天還需要早睡。	因為有持續做瑜伽，所以就算到了 40 歲後半，體態依然能保持得當。
對未來有幫助	不能	能

也沒堅持下去（比起學英文，更想閱讀其他書籍）。

到底該怎麼做，才能讓自己感受到現在這個瞬間，和未來之間的聯繫？想要有自我連續性，又該從何著手？關鍵在於，讓自己擁有一天、一年後、十年後，這三種視角。運用這三種視角，來試問自己：「在這一天結束時，自己會滿意這段時間的使用方式嗎？一年後呢？十年後呢？」

透過三種視角檢視後的

結果如右（圖十），我發現自己無法持續五點起床的朝活，卻能堅持做瑜伽。

五點起床的朝活，若是用一天的觀點來檢視的話，時間性價比看起來雖然很高，但要是從一年後、十年後的角度來看，就不一定了。首先從十年後來看朝活時間，我發現自己並不知道可以獲得什麼，所以很難堅持下去；反之，堅持十年以上做瑜伽，就算用十年後的視角來看，也能得到令人滿意的結果。

只要能夠運用這三種視角來檢視事情，就一定能知道，自己是否要繼續執行某件事。例如，目前正在執行的工作，和一年後的某項企劃有關，十年後則會成為一項能拿得出手的職涯履歷；今天去開的證券交易戶頭，一年後經由投信創造的投資績效，可為自己創造一筆收入，十年後就能拿這筆錢來為孩子繳學費。請一定要試看看像上述這樣，從瞬間連結到未來的時間使用方法。

我們很容易被每天必須做的事情給追著跑，但這些真的都是必須的嗎？把時間視覺化之後，我們就能掌握住整體時間，如此一來會發現，事情並非如此。

當下你真正應該去做的，是去使用那些有自我連續性，且會和將來產生連結的時間。至於該如何去設計，取決於個人如何運用這三種視角。

3 減少生活中的選擇次數或不做選擇

接下來要向讀者們介紹，提高時間性價比的六種訣竅。

❶ 打造一個不依賴個人意志力的結構

時間可分為兩種，一個是自己可以掌控的時間，另一個是自己無法掌控的時間。

自己無法掌控的時間，通常和其他人有關，拿工作來說，有開會、和其他人商量事情等，情況多到數不完，因為自己大都不能掌握這些事，所以重點應該放在，調整自己可以有效掌控的時間。

這裡我先強調一下，雖說我們可以掌控時間，但重點不在於個人意志力的強弱。

時間性價比較高的人，不會依靠意志力，而是會去創建結構。前面我已介紹過A、B兩種時程表，其中，把需要花腦力的重要工作安排在上午，和盡量把不需要動腦筋的作業放在下午，就是創建結構，其他還可以利用以下列舉的技巧來預防失誤：

- 為了不占用大腦容量，可使用智慧手錶，或手機內建的提醒功能來管理時間（不用硬記在腦中，也不用一直翻看記事本）。
- 為了讓自己集中精神，可執行番茄工作法（Pomodoro Technique，每工作二十五分鐘，就讓自己休息五分鐘）。
- 不要同時做好幾件事（尤其是會同時開啟好幾個檔案的人），因為每換一件事，大腦都需要花時間切換，反而容易浪費時間。

越是自己能掌控的時間，就越要去製造結構，這麼做還能預防自己拖延。

隨著時間的流逝，我們的意志力將逐漸消散，會越來越沒有氣力，去處理那些剩下來又麻煩的事，最後就乾脆暫時不去管。一個人哪怕在大清早意氣風發的宣告：

「我今天就要來處理這件事。」到了傍晚還是容易會想：「還是明天再做吧。」認知到自己的意志薄弱，並創建不依靠意志力的結構後，就可以提升時間性價比。

❷ 把常規時間變得更省事

Effortless 這個英文單字有「不用費心，不勉強」的意思。例如，當我們在瀏覽購物網站，發現有想要購買的商品，卻發現不知道付款方式、能使用的信用卡太少、找不到郵資標示在哪的話，瞬間就會不想買了。為了預防這類情形，最近的網站和付費系統，都盡可能設計得讓消費者不用耗費心力（Effortless）。

相同的做法一樣能運用在提升時間性價比上，也就是把每天的常規時間省事化。例如穿衣服，我們要付出的心力如下：

- 考慮穿搭。
- 思考如何把衣服收納到衣櫃裡。

- 洗衣服。
- 摺衣服。
- 換季。
- 哪些衣服要送洗。
- 如何處理不要的衣物。

就算只是考慮衣服這件事，管理加上保存，所需要花費的心力還是不少，要是人數變多，也就更需要耗費精力。當然，如果本來就對衣服感興趣的人，或許能樂在其中，但對於每天都得面對的事情，若能使其變得較為省事的話，將有助於提高時間性價比。

我的做法是，孩子穿去托兒所的衣服，上、下半身加起來就只有五件，而且穿完一季就把衣服處理掉。因為大兒子還在成長，現在的衣服一年之後就會不合身，如果把老大的衣服給老二穿，衣服上或許會殘留托兒所裡的味道或黃斑，此外要收納管理一整年的衣服其實更麻煩。

因此，當一季結束時，我會把舊的衣服替換成新的，並且會去預測孩子明年要穿的衣服尺寸，在折扣特賣時先買起來。大人的衣服會用衣架掛起來，且只保留能一眼看出有幾件的數量，再加上力行「買一件就丟一件」的原則。

我們家沒有換季這回事。客廳旁的小房間，就是我們的衣櫥，全家人的衣服都掛在衣架上，或用透明收納盒整理。從夏天的短袖，到冬天的長袖、包包、大衣等，全都收在那間房間裡，一眼就能掌握衣服數量。

我也不想花太多心思在收納、分類上。我會把兩個孩子的衣服稍微摺好，分別放在不同的收納盒裡。老大和老二的褲子顏色也不一樣，前者為深色系，後者為淺色系，這也是一種省事的方法。

大人的衣服，則分別放在預先準備好的籃子裡。把衣服掛上衣架的活，則是夫妻各做各的，如果不想掛起來，也可以就這樣放著，隔天就穿這些衣服出門。

各位或許會納悶，為什麼我會對衣服這件事有這麼多要求。因為每天要洗衣、整理收納衣物、買衣服、保管不同季節的衣物，在常規時間中，得花費很多力氣和時間來處理這些事。

如果想要提升時間性價比，就要盡可能把每天都占掉很多光陰的常規時間，弄得更省事才行，如此一來才能見到效果。

讀者們不妨看看自己的時間紀錄，然後從常規時間中挑出，需要花不少力氣的事情。大家可以像我一樣來處理衣服，或是從吃飯（買東西、想菜單、料理前的準備、管理剩下的食材）等事下手也行。

如果是工作，可以把業務內容個別分開來看，例如，每週定期會議，需要寄送郵件通知與會成員日期，以及預約會議室、製作資料等，這麼做之後，你肯定會有不少新發現。

❸ 不要有空隙時間

一些時間術和生活小訣竅等，經常會向大家介紹，如何有效利用空隙時間。然而我並不推薦這種方法，因為只要有空隙時間，表示你的工作是被打斷的，當我們要進行別的工作時，為了切換大腦的引擎，其實需要花掉不少額外的時間。

大家應該都有這種經驗，「今天要和不少人碰面和開會，我可以好好利用這中間的空檔來做點事！」然而在一天結束時，卻意外發現，工作好像沒有什麼進展。像這樣把預計要做的事情細分後，雖然多出了很多瑣碎時間，但工作效率反而下降。

雖然我希望大家不要製造空隙時間，但這並不意味著就得把行程塞滿，而是要提醒各位，不要增加工作被切斷的次數。簡單來說，就是把寫電子郵件，或一個人可以完成的文書工作，安排在同一個時段。

若有外出安排，也不要將其分成早上和下午，盡可能合併在上午完成。把類型相近的工作統整在一起，就能減少切換大腦的時間，較容易取得好的工作成果。

❹ 五秒鐘做決定

想要提升時間性價比的話，減少迷惘時間也很重要。

煩惱可分為好幾種，例如：「要不要買一臺新電腦？」、「要不要換工作？」、「要不要為孩子添購一件雨衣？」，不論是哪一種，只要事情沒有解決，就會一直停留在我們的腦中，揮之不去，結果影響到自己的時間性價比。那麼，該怎麼做才能減少傷腦筋和優柔寡斷？我在此向各位推薦，練習在五秒內做決定。

有些人到餐廳吃飯時，會看著菜單猶豫很久。為什麼？因為這個人正在想：「每一道菜看起來都不錯耶，我得要點一個可口的來吃，才不會當冤大頭。」

明明只是決定午餐要吃什麼而已，卻多耗費選擇力、意志力和時間。我們還得面對其他重要大事，所以對那些一點也不重要的事，應盡可能簡單、立即做出決定。

為此我們可以練習看看，在面對中午要吃什麼、挑哪一種星巴克飲料來喝、是否參加飯局，或回覆出去玩的邀約時，都要讓自己在五秒內立刻做出決定。從小決定開始累積，之後在面對大型、重要決定時，就比較游刃有餘。

這裡和讀者們分享一則小故事，知名ＩＴ（資訊科技）企業創辦人如史蒂夫．賈伯斯（Steve Jobs）和馬克．祖克柏（Mark Zuckerberg），他們兩人的服裝都是Ｔ恤加牛仔褲，這個思路和鈴木一朗在當職棒選手時，只吃咖哩飯是一樣的。選擇要穿什麼衣服，或要吃什麼，這些事如果對自己當下的人生來說並不重要的話，就讓自己不需要選擇，這是為了讓自己能在重要時刻，發揮正確的選擇力。

❺ 減少選擇次數

在介紹完立刻做決定的練習後，我要問各位，是否有聽過決策疲勞（Decision Fatigue）？有一說認為，每個人每天做的決定，至少有九千至三萬五千次之多。

看到這個數字，是不是有點驚訝。就算只是走到玄關，打開門往外面看看，「今天好像會下雨耶，還是帶把傘出門吧」這麼小的事，也算做了一次選擇。到了車站後，想著等一下要搭第幾節車廂、往上是要走樓梯右側還是左側、到公司之前要不要去便利商店買杯飲料……我們每天都在無意間，不斷重複進行這些小選擇。

每當做這些小選擇時，都在消耗我們的大腦。有些事情，你在大清早時不覺得困擾，可是到了晚上，卻可能讓自己陷入沉思，這表示你的大腦已經累了。

當我們起床之後，隨著時間流逝，時間性價比的表現也會逐漸走下坡，這一點對那些已經不是單身、無法自由使用二十四小時的人來說，尤其要特別注意。

雙薪家庭的夫妻，為了家人，也為了孩子，有時必須得替其他人做決定，如此一來，更容易累積決策疲勞。例如，每天早上起床後，先確認今天的氣溫和天氣，接著為孩子挑衣服，然後決定孩子的早餐（吃飯或吃麵包）。出門前在玄關，得幫孩子挑一雙襪子讓他自己穿，到了托兒所後……像這樣，除了自己的事情以外，還得決定許多零碎的事。就算只是負責幫孩子做出一半的選擇，有孩子的人，還是比沒孩子的人得多做一・五倍的選擇。

「回到家後都累癱了，什麼事也不想做」，雙薪家庭的夫妻，可謂深受決策疲勞所苦！那麼該如何減輕這樣的煩惱？我提供以下兩種方法：

- 減少選擇次數或不做選擇。
- 把個人時間安排在選擇力還沒衰退的晨間。

正如我在前面提過的，因為我是無法執行朝活的類型，所以採取的是減少選擇次數，具體做法如下：

- 減少在家庭方面的選擇：

1. 固定早餐內容。
2. 固定衣服的穿搭。
3. 讓孩子自己做決定（自己準備要帶到托兒所的東西、自己收拾玩具）。

● 減少在工作方面的選擇：

1. 增加回覆電子郵件的定型格式。
2. 制定出自己是否接受某項邀約的原則。
3. 遇到不容易處理的工作時，先去徵詢主管判斷的基準為何。

詳細內容，我會在減法那一章詳細說明，制定出上面的方法，花了我兩年，之後我就不再去做抉擇了。我們可以從立刻能著手的地方下功夫，讓自己不必再為了小事情做選擇。

❻ 留一些空白時間

時間視覺化後，當我們再度拿起時間紀錄表來看時，就能找出不知道自己到底做了什麼的空白時間。接著，很多人會開始琢磨，「我得好好利用這些空白時段才行！」藉以提高自己的時間性價比，然後往這些時間裡，安排進看似有用的行動或力計畫。

然而，正如我在空隙時間那一節所提過的，我們不能把時程表塞得太滿。保留空白時間，反而能提高整體的時間性價比。就像開車時，我們不會把方向盤打死一樣，時程表上也需要安排空白時段才行。

我們的人生不可能完全按照預定計畫進行。如果有刻意安排留白時間，一旦出現突發狀況時，就可以拿來應對，心裡也不會那麼著急；如果沒有發生意外狀況，不妨利用這段時間，來做一些自己喜歡的事情。

該預留多少，可以抓扣除睡眠時間後，剩餘時間的百分之十。像我的話，每天睡眠時間約為七小時，所以是（二十四小時－七小時）×〇．一＝一．七小時，換算一下，約為一百零二分鐘（一小時又四十二分鐘），這就是我的空白時間。

細分出來後，空白時間便分散在我的行程和行程之間。這麼做，除了能讓我順利切換大腦的引擎，也能讓自己不再被計畫追著跑。

4 不要靠意志力，從你馬上就能做到的事開始

當我們使用調整過的時間後，就會發現內心深處，湧現出自己感興趣以及關心的事。接著，「我要去做那些我想做的事！」這種力量會充滿你的身體，用心理學的術語來說，就是內在動機（Intrinsic Motivation）。其實，觀察孩子就會明白，他們一旦有了自己感興趣的事物後，就會以超乎尋常的集中力去做。

當你也在從事打從心裡想做的事情時，注意力就會變得相當集中，表現水準也會急遽提高。每單位時間的生產效率優異，時間性價比也在此時獲得提升。

只要能讓人們待在一段生產效率很高的時間裡，就算時間不長，還是會產生自我效能（Self-Efficacy）。自我效能，是由心理學家亞伯特・班度拉（Albert Bandura）提出，旨在描述「不管在任何情況下，只要個人能順利去做對自己而言，是有必要的

行動，那麼他就能感受到自己的可能」，這樣的心理狀態。

對於那些總覺得自己很忙，尤其是已經成家，年齡介於三十至四十歲之間、正在事業上打拚的人，他們缺乏時間去做自己想要做的事，所以自我效能普遍不佳。

對這樣的人來說，他們需要為了自己，創造出能感受到屬於個人的時間性價比。哪怕只是稍微感受到「我也做得到」，也會出現自我效能。如此一來，還能讓自己的心態變得更積極。一旦開始這樣的循環（待在一段生產效率很高的時間裡→提高自我效能）之後，自然而然，就會把時間的使用方法，導往好的方向去。

行文至此，我已經為各位說明，時間視覺化（整體時間優化），和時間性價比（部分時間優化）為何。接下來終於要進入重頭戲——時間減法和加法這兩種技巧。

POINT

- ☑ 從品質上提升自己的時間使用方法。
- ☑ 安排時間排程時，要把意志力和思考力也考慮進去。
- ☑ 讓自己擁有「瞬間視角」和「未來視角」。
- ☑ 打造一個不做選擇的結構。
- ☑ 從自己做得到的事情開始，創造時間性價比和自我效能的好循環。

第 3 章

職場媽媽必學的「不要做」時間減法

1 先決定：哪些事情不做也沒關係

當時間視覺化之後，你會深刻體會到，自己很想把時間用在重要的事情上、原來時間是有限的。既然如此，我們該如何把寶貴的時間，安排在自己緊湊的時程表中？從這裡開始，時間的減、加法，將會越顯重要。

或許有人認為，「話雖如此，但我也不能讓自己的工作表現出現落差，而且還要照顧孩子，儘管執行時間視覺化，但幾乎沒有可以省下來的時間。」事實上，我也曾經歷過這些事。雖然已經試過市面上所提到的節省時間技巧，但還是很難準時結束工作回家。既無法再削減花在工作上的時間，好不容易回到家後，還要面對家事和照顧孩子，時間咻一下就來到晚上十點了……我一直想，到底還能從哪裡榨出時間？這樣的我，最後不但成為了公司的管理職，且在需要照顧兩個孩子的情況下，每天還是能擠出一個半小時的私人時間給自己，因此我相信大家一定可以做到。

所謂時間減法，指的是在自己的人生中，排出事情的先後順序，然後決定不再把時間用在順位較低的事情上。這裡最重要的，是你的價值觀。

我用下面這則算式，來概括本書整體對時間的思考方式：

自己使用的時間（視覺化）－價值較低的時間（減法）＝用在自己真正想做的事情上的時間（加法）。

以個人的價值觀為依據，配合減法後，不但可以增加讓自己滿意的時間，還能成為漫長人生中，自己的助力。

有些讀者可能會有疑問，既然要提高自己的滿意度，首先要做的，難道不應該是加法嗎？確實，對已經有真正想做的事，和應該去做的事的人來說，參照這些事情，來思考時間的使用方法，或許更為可行。但過去的我，其實並不清楚，什麼才是自己真正想做和應該去做的事，相信正在閱讀本書的你，應該也和當時的我一樣。

之所以會這樣，是因為我們的價值觀還很模糊，可是一旦執行時間減法後，你的價值觀就會立刻顯現出來。藉由不去做某些事，讓該做的、想做的事情浮現在自己面前。「我以前真的有那麼重視這件事情嗎」、「或許自己想做的，就是這件事」，你會看到自己真正該使用時間的事。另外，時間固定就是二十四小時，如果不先用減法找出該停止的時間，當然就不會有時間可用於加法上了。

請各位先使用接下來要介紹的思考方法和技巧，省下那些優先順位較低的時間。

2 工作、家事、育兒，三件事怎麼排列

亞洲的職場媽媽們，其實是最擅長減法力的一群人。

亞洲和其他國家不同，找人來幫忙顧小孩或做家務，這件事仍未普及。雖然這種情形正在逐漸改變，但因為缺乏勞動型態的多樣性，使得女性上班還要帶孩子，若不使用減法讓自己不去做某些事，生活就很難維持下去。正因如此，每一位職場媽媽的減法力都非常了得。

夫妻倆都要上班，且有小孩的核心家庭，很容易沒有時間。要是先生的工作時間很長的話，太太那邊的時間，就會受到更顯著的壓迫。

根據日本內閣府所做的調查報告顯示，家裡有六歲以下小孩的雙薪家庭中，太太比先生多花了四·九倍的時間，在處理家事和育兒上。

在我結束育兒假，重新回到職場後，很快就了解到，如果職場媽媽不重新檢視如何安排二十四小時的話，生活很快就會陷入死胡同，因為時間實在太不夠用了。當時的我立刻就得決定是要離職，還是不要做家事，或是放棄照顧孩子。為了讓自己度過難關，剩下的方法，就是來一場改變自己的典範轉移（Paradigm Shift）[5]。

為了克服時間有限這個難題，首先要把事情排出高低順位，然後不要再去做那些現在沒有必要，或低順位的事情。為此，職場媽媽們必須經常去思考工作、家事、育兒的優先順位。「今天早上孩子看起來恍恍惚惚的，晚上可能會發燒。如果這樣的話，明天就必須帶他去醫院……對了，如果不趕緊完成明天要提交的資料，事情就不妙了，今天午休就縮短一半吧，把目前正在進行的工作延到一個小時後，先集中精力完成資料。」即時的把要做的事情排出先後順序，就是在執行時間減法。

我把這樣的行為，稱作時間使用方式的肌肉訓練。職場媽媽們每一天都像裹著石膏在做肌肉訓練。同時也會在不知不覺間，迅速提升時間的使用方式。一旦像職場媽媽們一樣，被逼到走投無路後，減法力就會進步。我也是在成為職場媽媽後，才發現個人的使用時間的方式變好了。

3 用你的時薪來決定這件事該不該做

當時間視覺化之後，接下來就要對時間做加、減法了。該減少、增加什麼時間，源自於個人的價值觀。為了弄清楚自己的價值觀為何，我們需要先有自己的標準。以下我要介紹三大標準。

標準一 投資、消費、浪費

我們可以把自己所使用的時間，分成以下三種類型：

5 該詞出自孔恩（Kuhn）的《科學革命的結構》（*The Structure of Scientific Revolutions*）一書。指在信念、價值或方法上的轉變過程。

- 投資：可以預期日後會得到回報的時間。
- 消費：日常生活中需要用到的時間。
- 浪費：花在沒有意義事物上的時間。

我希望讀者們要養成習慣，把時間分為三種類型：為了將來而使用、現在該使用，和用在無意義的事物上。舉例來說，漫不經心滑手機看社群網站的時間，對多數人來說是浪費；煮飯之前的準備時間為生活所需，所以屬於消費。

如果主管邀請你一起吃午餐，順便用來討論工作上，或來執行報聯商[6]和蒐集資訊的話，那就算是投資。但如果只是單純一起吃午餐的話，則屬於消費。假設你本來是想一個人一邊看書，一邊用餐，卻因無法拒絕邀請，而和主管共進午餐的話，這段時間則屬於浪費（左頁圖十一）。

讓我們養成習慣，將日常生活中所使用的時間，依投資、消費、浪費來分類。只要能做到這樣，就可以磨練對時間的感覺，如此一來還能使你成為時間減法的高手。

6 即報告、聯絡、商量的略稱。

圖十一　以投資、消費、浪費，來檢視自己的行為

通勤中		理由
瀏覽社群網站	投資 →	結識某位已取得自己在工作上所需證照的人，並得到了他所推薦的補習班資訊。
瀏覽社群網站	消費 →	想更換家電用品，看看網路上實際用過該產品的使用者評價。
瀏覽社群網站	浪費 →	隨意看看推特上的推文，不知不覺開始關注起藝人的外遇新聞。

就算是同一件事，也會因不同理由和目的，有不一樣的分類。

標準二 自己的時薪

還有一種方法，是以自己的時薪為基準，來測量使用時間的價值（左頁圖十二）。

首先，把自己的時間用時薪換算出來。計算方法很簡單，就是把一個月實際拿到的薪水除以工時。

最近已經有時薪試算網站，只要輸入自己的薪水和勞動時間後，它就能幫你換算。對於那些不擅長拜託別人，或無法拒絕他人請託的人來說，掌握住這個標準後，就能替自己有效提高時間減法。

算出個人時薪的算式：每個月的薪水÷每個月的總勞動時間。例如，某個人的月薪為四十萬日圓，每個月的工作時數為一百六十小時的話，那麼他的時薪就是兩千五百日圓。這樣他就可以請時薪為兩千日圓的家事服務人員來家裡幫忙，而節省下來的一個小時，可以用在工作、自己喜歡的事情或想做的事情上，以個人的時薪來看，其實相當有價值。

圖十二　以自己的時薪為基準來思考

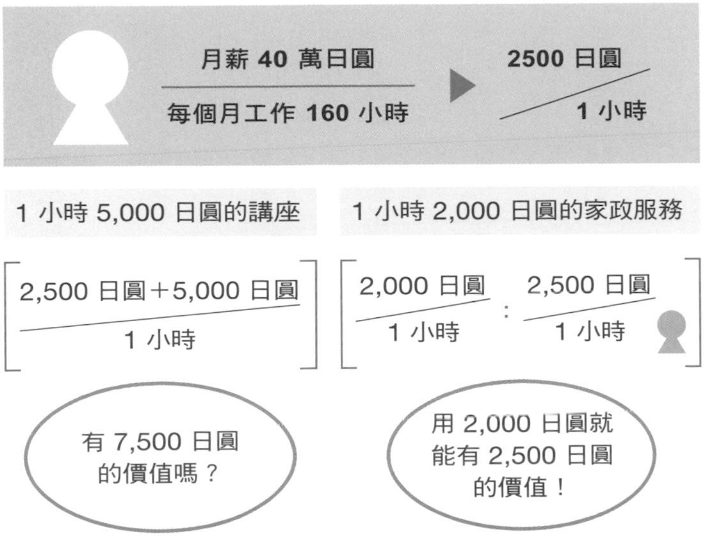

試想一下，如果這個人用了一個小時，參加了價值五千日圓的講座，情況又會如何？五千日圓加上自己的時薪兩千五百日圓，如果該活動沒有七千五百日圓的價值，那就不划算了。

你所做的自我投資是否划算，可以用自己的時薪來衡量，如此一來，就算是去參加講座，聽講時也會更加集中精神。只要知道了自己的時薪，就能將其有效應用在時間上。

「找人來做家事，總覺得

好不划算啊」，當你在猶豫是否要請人來做家務時，如果這筆金額低於你的時薪，那就請吧，你就可以把這段時間拿來工作，或投資在能提高個人薪資的事情上。

標準三 是否可控制

自己和他人、未來和過去，各位認為哪些是自己能控制、哪些不能？答案很簡單，我們能控制的，只有自己和未來。然而檢視時間的使用方法時，才意外發現，原來我們把許多時間，都花在自己不能控制的事情上，而且還有許多人認為，這些事情都不能減去。

下面就來舉個例子，我們可以試著分開來看看工作中自己能夠控制，和不能控制的事情。

自己能控制的事情：

- 為了工作，強化自己的職場技能。

- 花在工作上的時間。
- 申請移動到其他部門。
- 在公司內與同事們的溝通方式。
- 配合上班地點來挑選房子。
- 其他。

自己不能控制的事情：

- 隸屬的部門。
- 工作內容和上班時間。
- 一起工作的同事。
- 主管對自己的評價。
- 公司所在的地點。
- 其他。

有些人會抱怨公司離自己的住處太遠，卻也只能每天花兩個小時通勤上下班。對這樣的人來說，他能做的，只有選擇自己的住處或換公司而已。雖然每個人心裡都明白，但我還是要告訴大家，對自己不能控制的事情較真，實在是浪費時間。

當然，若要列舉出不能搬家的理由，只會多到數不完。既然如此，我們就有必要將無法控制的通勤時間，視為不能減去的時間，再思考如何運用。

此外，就算你花了很長的通勤時間到公司，這也不會成為你獲得他人肯定的原因。肯不肯定你，是由他人決定，自己無法掌控。然而，有不少人會自己得出，「在職場上沒有獲得肯定，是因為我和主管八字不合」這種結論，然後在同事面前說主管的壞話，或是和備受青睞、同年一起進公司的同事做比較，結果搞得自己對工作越來越沒動力，陷入負面循環。

我們實在不應該把寶貴的時間，用於無法控制的事情上；反之，我們應該全力以赴在自己可以掌握的工作上。如果想在工作上獲得肯定，蒐集考核基準的相關資料，絕對是較有建設性的做法。

在做時間減法時，區分出自己能夠掌控與不能掌控的事情很重要。對於既定事實，或自己無法置喙的事情，就不要花時間在上面。我希望各位一定要把「只將時間用於自己可以掌控的事情上」這句話，銘記在心。

現在把視覺化後的時間紀錄表拿出來看看，然後用三種標準檢視一下，找出有哪些可以列為減法候補的時間。例如，我的時間表裡，每星期有兩次掃除，一次四十五分鐘，合計要花九十分鐘。接下來想一想，這是不是可以省下來的時間：

標準一：雖然不算消費，但需要保留嗎？

標準二：用自己的時薪（兩千五百日圓）來換算，九十分鐘為三千七百五十日圓，成本有點高。

標準三：掃除時間自己可以掌控。

經過一番思考過後，我決定請時薪為一千五百日圓的家事服務人員，每週一次，一次兩個小時（三千日圓），而原本的時間，我則用來準備證照考試（投資相關），或是和孩子們一起共享天倫時光（下頁圖十三）。

圖十三　用自己的標準來評估掃除這件事

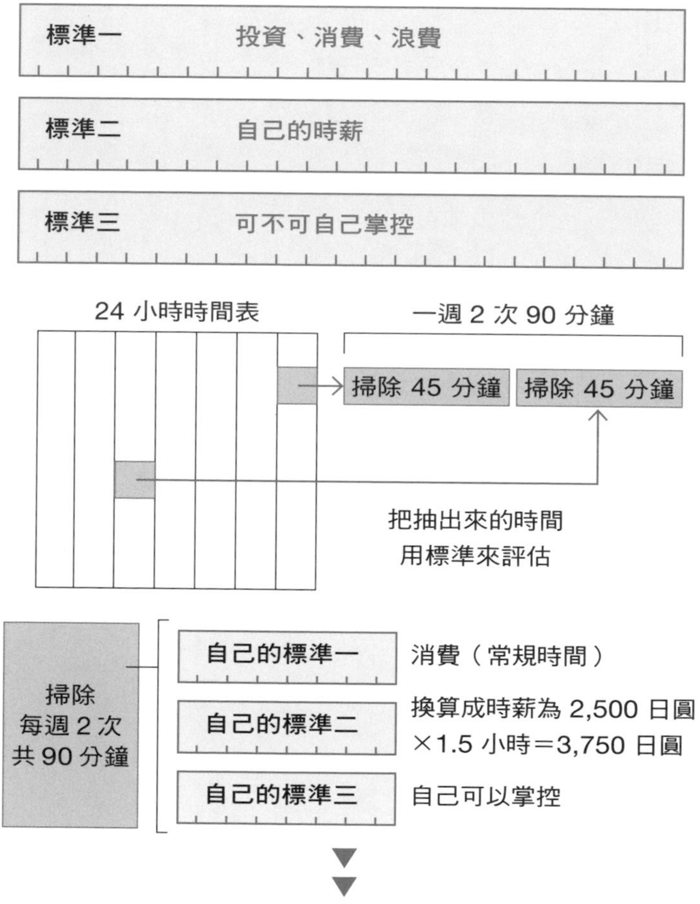

這是可以節省下來的時間嗎？

從時間紀錄表中挑出個別項目，然後用三大標準來評估，就能找出可以省下來的時間。

4 別讓完美主義拖垮你

這一節我想和各位分享一下，不擅長減法，或很難停止去做某些事的人，有哪些特徵。

❶ 完美主義者

不擅長減法的人，有許多是在孩童時期很優秀，所謂的完美主義好孩子。好孩子容易受到別人的影響，他們盡量不去做會讓人不愉快的事。他們除了有責任感以外，還有許多做了某些事就會受到表揚的經驗，因此強烈的想要獲得他人肯定。就算自己沒有時間，只要有人來求助，不論是工作或者家庭方面，他們都會盡最大的努力，來扮演好自己在其中所擔任的角色。這些人在日常生活中，已經習慣去滿足別人。

從結果來看，他們無法實踐時間減法，也很難下定決心不去做某些事。

❷沒有自己的標準

沒有自己標準的人，有不少還是完美主義者，他們無法自己安排事情的先後順序，所以都不擅長減法。

一般來說，如果想節省開支的話，首先想到的，可能是降低固定支出費用。許多人可能會和大型電信業者解約，改為使用低價的ＳＩＭ卡方案，或是重新評估一下，自己貿然買的保險。

儘管如此，仍有不少人雖然想壓低自己的支出，但還是覺得大型電信公司的服務比較讓人放心，所以選擇維持現狀，或是已經和保險業務員有交情，而不去考慮更動保單。

這樣的人，其實都是把判斷事情先後順序的基準，擺在別人身上。他們已經習慣以別人的基準來做決定，因此喪失了自己決定先後順序的能力。正因如此，就算他們想執行時間減法，卻會因為沒有自信做決定，導致最後還是覺得全部都有必要。

對於這類型人，我建議，第一步先從前面提到的三種標準中，至少找出一種來練習，哪怕只幫自己省下了十五分鐘，只要不斷累積，也能逐步提升自己的能力。

我相信很多人不是做不到，只是到目前為止沒有去執行而已。想明確自己的價值觀，只要你願意邁出步伐，就一定辦得到。

5 製作一張「不想做也沒關係」清單

這一節，我要來和大家介紹，利用前面提到的標準區分出時間後，如何才能找到應該減去的時間。

技巧一 問自己五道問題

試著用以下這五道問題，來問自己想減去哪些時間：

- 如果不做這件事，會困擾到誰？
- 如果有人能替你完成這件事，你希望由他來做嗎？

- 就算有無限的時間，你也想做這件事嗎？
- 花在這件事情上的時間，你會挪來做哪些自己想做的事情？
- 這件事情會對三年、五年、十年後的自己有幫助嗎？

我就拿前面提到的，每週打掃兩次這件事來當作例子：

○如果不做的話，會困擾到誰？
▼可能是家人吧？但總覺得他們好像也沒注意到家裡變乾淨。
○有誰能代替你完成這件事嗎？
▼因為丈夫經常不在家，所以沒有人能為我完成這件事。
○就算有無限的時間，你也會想做這件事嗎？
▼雖然是不想啦，但把家裡弄乾淨，就能舒舒服服的待在裡頭。
○如果不打掃，這段時間你想做什麼？
▼和孩子們待在一起。

各位可以像這樣，以自問自答的方式來進行。

在經過這一輪問答後，為了省下這段時間，我們家先引進了兩臺掃地機器人。因為我考慮到，「雖然家人沒那麼在意有沒有打掃，也沒有人能代替我，但如果不做這些事的話，就可以增加陪孩子的時間」，所以最後我才決定仰賴機器人。

每個人的情況不同，因此解決方法可能是先生來做、孩子來做、找家事服務人員來做，或從一週兩次改成一週一次等。至於那些雖然有心想打掃，可是實在擠不出時間的人，不妨請人幫忙吧。這樣一來，也可以把負面情緒（我必須去做）發包出去，讓它消失在自己的視野中。

經由這樣問答，會越來越清楚該減去的次數或方法，讓自己更容易做減法。接著用同樣的方式套用在工作上。例如，我們可以拿這五個問題，檢視一下製作會議紀錄這項例行事務：

○不製作會議紀錄的話，會困擾到誰？

▼沒聽說過有與會成員會去看會議紀錄。大家頂多在有問題時去查閱。

○如果有人能為你完成這件事，你希望由他來做嗎？

▼當然！話說，似乎可以找A來做這件事，因為他經常說自己會看會議紀錄。

○製作會議紀錄的這段時間，想挪來做什麼事情？

▼既然讀的人很少，我想把這段時間拿來處理其他工作。

○製作會議紀錄，會對三年、五年、十年後的自己有幫助嗎？

▼工作方法會與時俱進，靠打字輸入會議紀錄的做法，或許有一天會消失。

經過這樣的問答後，雖然我還是會繼續製作，但也讓我開始去思考，這件事值不值得自己花這樣的時間去處理。或許我可以提議由A來做這件事，或是故意不做，看看接下來會發生什麼事。

能發現就算不做也不會令人困擾的事，對執行時間減法來說相當重要。當各位在猶豫該如何減法時，不妨用這五道問題來問自己。

技巧二 製作不想做清單

我建議各位可以在日常生活中，開始建立自己的不想做清單（左頁圖十四）。

儘管坊間的書籍，都推薦大家做一張想做清單，但我認為，如果你真的有想要去做的事情（加法），就需要決定你不想去做的事（減法）才行。因此，從現在開始，搞清楚什麼是自己不想做的事情吧。

平日裡，如果突然想到不想做的事，不管是用手機或紙本記事本，總之，把它們都記下來就對了。我的手機記事本可以用語音輸入，所以記錄事情非常方便。

在我的不想做清單中，哄孩子入睡、準備早餐、核對工作上要提交的資料等，都是我還在當上班族時，就已經記下來的項目。為了不去做這些事，我該採取什麼行動好？以哄兩個小孩（兩歲和六歲）睡覺為例，我首先改變他們的入睡方式：

- 晚上九點後，把孩子們帶到寢室。
- 每隔十分鐘離開房間一次，確認他們是否睡著了（自己不在，孩子們也不會

圖十四　製作不想做清單

Not to do

- 哄孩子入睡。
- 準備早餐。
- 核對資料。
- 穿絲襪。
- 一天在社群網站花超過 30 分鐘。
- 熬夜。
- 和討厭的人見面。

確實寫下自己不想做的事也很重要。製作一張 Not to do 清單吧。

不安）。

- 睡前唸繪本給孩子們聽（準備睡覺的信號）。
- 房間保持全黑。

執行這項改變，雖然花了我三個月，但從結果來看，兩個孩子現在已經能自己去睡覺，我也不用再花時間去哄他們入睡，時間減法算是成功。

另外，準備早餐也是我不想做的事。因為，就算我精心準備了早餐，兩個孩子經常都吃不完，而處理剩飯和收拾餐具，又得花掉額外的時間。但不吃早餐對身體不好，只吃麵包又不夠均衡。於是，我就將蒸飯[7]來當作早餐。如此一來，只要前一天在睡覺前，把食材放進電鍋裡並設定好時間，隔天早上起床後，就有熱騰騰的蒸飯可以吃。

吃蒸飯可以同時攝取到蔬菜和蛋白質，餐具也只需要一個碗。要是沒有吃完，還能把剩下的部分，充作先生午餐便當裡的菜。如此一來，就能同時減少清洗餐具、煩惱早餐要準備什麼，以及處理剩菜剩飯的時間。

技巧三 使用積極正面的文字

在不想做的事情清單上，經常會出現消極負面的文字。除了「我不想做〇〇」這種表達方式外，我們也可以將原本的內容，置換為積極正面的文字，來同步幫自己找到解決事情的方法（左頁圖十五）。

7 做法為把食材、高湯和醬油等，與生米混合後一起蒸熟。

圖十五　把 Not to do 的內容，換成積極正面的文字

Not to do	將內容置換為積極正面的文字
哄孩子入睡。	讓孩子能自己睡。
準備早餐。	找出簡單的早餐內容。
核對資料。	找核對資料高手幫自己完成。
穿絲襪。	穿襪子就好。
一天在社群網站花超過 30 分鐘。	只在搭電車時查看社群網站。
熬夜。	晚上 11 點就睡覺。
和討厭的人見面。	只和自己喜歡的人會面。

正如各位所見，我的不想做清單中，有核對公司資料這件事。因為我的抓錯能力相當弱，總是會有很多我沒有發現的地方，於是，我把清單上的不想核對資料，改為讓自己不用去核對資料。

有一天，我發現公司裡有一位後輩能力超群，可以抓出資料中的失誤，因為我一直想著，如何讓自己不用核對資料，所以才會注意到後輩的這項能力。如獲至寶的我馬上向他提出，能否用一杯冰咖啡，來換他為我檢查資料，他也點頭同意。

我花了半個小時仍找不出來的漏字或錯字，這位後輩只花三分鐘就發現了。從那之後，我的資料中就再也沒有出現重大失誤。

由於我把核對資料，寫進自己不想做清單中，再將其置換為積極正面的文字，才讓我注意到了高手後輩，這可以說是實踐時間減法的一個範例。

技巧四 找出可以一心二用的時間

各位在看了自己的時間紀錄表後，如果發現幾乎沒有可以減去的時間，不妨試著挖掘看看，有沒有能一邊做某事，同時可以去思考不同事情的時間（下頁圖十六）。

人類能集中處理一件事情的時間，大約為六十至九十分鐘。

各位在日常生活中是否也碰過，雖然手上在做一件事，心裡卻想著不同事情？例如，看著時間紀錄表時，想到「雖然那天下午四點要出席會議，但因為隔天早上有要提交的資料，所以自己都在想著怎麼準備」，或是「雖然那天晚上和孩子們一起玩電車遊戲，但當時心裡都在想，週末一家人出去旅行時，要準備哪些東西」。上述提到的時間，其實都是能夠拿來實踐時間減法的候補名單。

時間減法，原本指的是減少某段時間，或不去做某件事。但當我們的身體被限制住的時候，如果能把當下的時間，轉為思考其他事情，這其實也是在實踐時間減法。如果你出席了某個會議，卻發現自己完全無法集中精神的話，就應該捨棄掉「會議中只能去想關於會議的事情」這個想法，轉念利用這段時間來思考其他事。

在哄孩子睡覺的這段時間裡，大人們主要是在黑暗的環境中，讓孩子們閉上眼睛，陪在他們身邊，使其安心入睡。而現實生活中，其實有不少父母並不喜歡做這件事，因為等孩子們入睡後，他們還有自己想做的事，可是在黑漆漆的環境裡閉上眼睛

圖十六　找出可以思考其他事情的時間

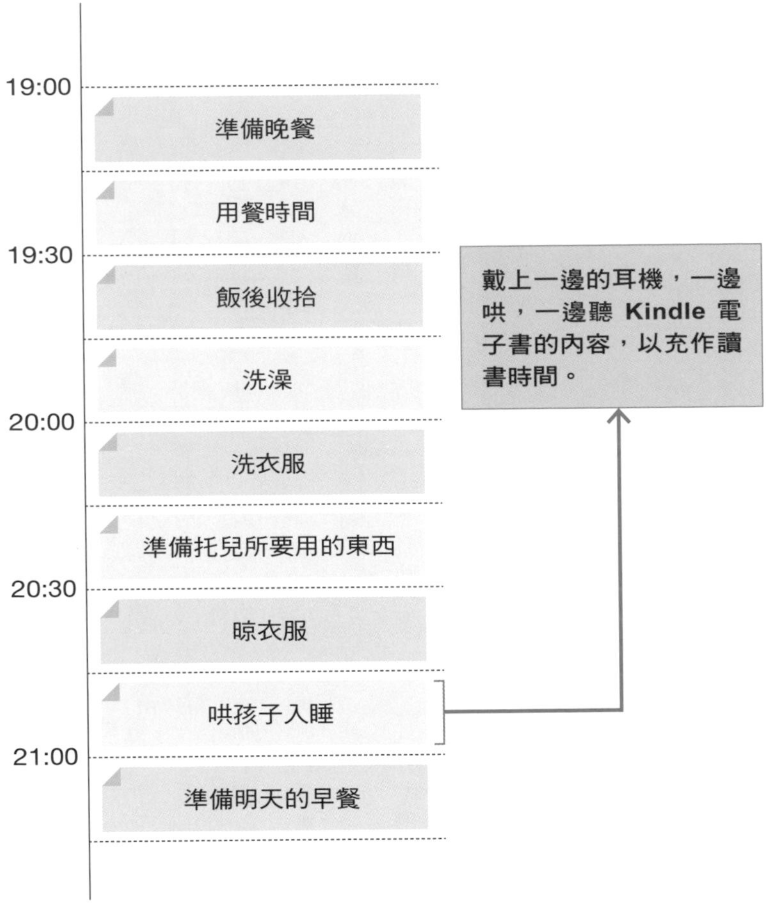

做這件事時，能思考其他事的時間，可列入減法時間的候補名單。

三十分鐘後，有時一不注意，自己也睡著了，更何況還有些小鬼頭怎麼樣就是不睡覺，著實令人頭大。

如果碰到這種情況，各位可以試著戴上一邊的耳機，聽 Kindle 電子書說書，把這段時光當作閱讀時間，也是一種不錯的應對方式。

就算我們的身體會受到空間的限制，但思考不會。只要是在適合的情況下，不妨積極的一心二用。

6 不要一次改變所有事，你會很挫折

我在前面提過，為了在準備早餐和餐後收拾中實踐減法，我選擇了蒸飯當作早餐的固定菜色。儘管如此，我也不是一口氣就改變星期一到星期五的早餐。

是否能順利導入減法的關鍵，在於有沒有採用小步驟。尤其是如果要在常規時間中實踐減法的話，得先慢慢習慣才行。另一個重點，是為計畫設置準備時間。若想改變家裡餐桌上固定的早餐內容，緩衝時間必不可少，減法要順利，你需要：

小步驟：

- 實踐減法不能一步到位。
- 每天做點改變，從小地方開始執行。

- 若發現窒礙難行，則退回上一步。

準備時間：

- 為實踐減法預留所需要的時間。
- 列出所需步驟。
- 為必要的安排做好準備。

接著，我將告訴大家，執行蒸飯當作早餐，所需要採取的小步驟和準備時間。

小步驟：

- 在生協[8]訂購蒸飯所需的蔬菜和肉品。

8 為日本消費生活協同組合的簡稱。加入此會員，可透過該組織，購買日常生活需要的生鮮食材。

- 在準備晚飯時將食材切好。
- 在收拾晚餐時，設定隔天早上電鍋煮飯的時間。
- 先從每週兩次（星期一、五）試試看。觀察家人的反應，看看他們能否接受早餐都是蒸飯後，再做判斷。

準備時間：

- 用什麼方式來購買蒸飯會用到的食材？
- 食材什麼時候切好？何時放入電鍋？
- 從每週幾次開始試行？
- 要觀察誰的反應，來決定是否繼續執行下去？

如果一開始就想推翻全部現狀，來實踐減法的話，很容易遭到反彈，而且自己也不會知道，到底是什麼原因導致計畫無法進行下去。重要的是，先考慮到小步驟和準備時間，再來執行減法。

預防反彈

當人們開始實踐時間減法後，有時會覺得好像執行得還不錯，然後滿懷雄心壯志，把減法進行到底……然而最後的結果卻是，各種事情聯手向你反抗。

從結果來看，時間反彈會使人們恢復成原來的時間使用方式。

懶惰是人類的天性。很多事情，就算一開始做的時候很努力，日子一久，還是會逐漸感到厭煩，最後還是選擇頭腦放空，過著得過且過的生活，還比較輕鬆。

除夕的年度大掃除，就是一個很好的例子。雖然人們在那一天努力的把家裡打掃乾淨，但因為無法維持每個月都打掃，結果過了一整年後，房子又恢復到原來凌亂的樣子。

要想避免這種情況發生，訣竅在於，不要一次改變所有事。換作減肥也是一樣的道理。突然就要自己每天去運動、限制飲食、鍛鍊肌肉，是無法長期堅持下去的，為了預防反彈，不要一口氣讓體重降下來、改變飲食和運動習慣，以不干擾日常生活為原則等，都是需要特別注意的事項。

換成時間減法也相同，可以先從每天節約十五分鐘開始，慢慢來實踐。執行時，可以依照下面的順序來進行：

1. 思考在哪裡執行。
2. 思考什麼時候執行。
3. 如果不太順利，就回到上一個步驟。

首先思考要在哪裡執行，然後決定每一天要減少哪一段時間，或不去做某事，抑或換去做哪一件事。如果執行得不順利，就想一下是什麼原因，然後回到上一個步驟，你需要這樣反覆練習。

把要做的事情細分化之後，除了可以預防反彈，還能增加我們在時間上的成就感。對夫妻倆都在上班，除了照顧孩子，還得做家事的人來說，他們每天無不為做不完的事所苦。這件事已經阻礙他們，去得到成就感了。

「我雖然想把餐具洗好，可是孩子又開始哭鬧，只好中斷手邊的事情去哄他」、「雖然工作還沒完成，可是已經到了要去托兒所接孩子的時間，只好把工作擱著先回家」、「好想坐下來喝口水，可是孩子卻把水給打翻了」，像上述這種情況，實在太多了。但只要我們以較小的單位劃分時間和行動後，就能為自己累積許多小小的成就感。每當完成一個小任務，即可淺嘗到成就感的滋味，也更容易和自我效能有所連結。

這麼做不但能預防時間反彈、獲得成就感，還可以防止自我效能低落，只要使用得當，可擁有一石二鳥的效果。

在下一章裡，我將為想要更精進時間減法的人，介紹時間減法的應用篇。

POINT

- ☑ 找出自己的價值觀，把優先順序較低的時間省下來。
- ☑ 用投資、消費、浪費；自己的時薪；掌控權，這三個標準來判斷。
- ☑ 製作不想做清單，並逆向思考。
- ☑ 一開始執行時間減法不宜操之過急，以小步驟來推進。
- ☑ 如果執行起來不太順利，可以重新來過或回到上一個步驟。

第 4 章

時間減法的執行困境

1 比起做什麼，決定「不做什麼」更困難

讀完第三章，想必大家都已經打好時間減法的基礎。這一章的內容，是為了幫助各位能更進一步明確自己的先後順序，而寫的應用篇，本章將會繼續往下深挖，並介紹更多技巧。

對於已經能活用第三章減法技巧的人，可以選擇跳過此章。但我還是要強調，本書最難的部分就是減法，還不熟悉上一章技巧的人，或者以為自己已經駕輕就熟，卻遭到反彈，而想更進一步磨練的人，我建議一定要細讀本章。

為什麼時間減法還有應用篇？因為減法遠比加法還要困難。從心理層面來看，可以發現人類存在著現狀偏差（status quo bias），意思是與其去改變，不如維持現狀。也就是，只要有可能讓現狀往壞處發展，人類就不會採取行動（減法）的一種思考模

式。從這裡就能知道，執行減法的困難之處。

加法是去增添、加入自己想要的東西，會讓人很興奮，是一件做起來令人開心的事情。相信各位也認同，比起丟東西，買東西要更容易。

在這個社會上，困擾於無法減少東西數量的人，遠多於不知道要買什麼的人。丟掉過去由自己所挑選的物品，是一項會伴隨痛苦的行為。當我們一邊想著，「丟掉後才發現沒有它會出問題時，該怎麼辦。或許有一天還用得著也說不定……」，同時也會感受到一種自我遭到否定的感覺。

從這一點來看，時間也和物品一樣。當我們執行減法時，有些人會認為自己使用時間的方法，真的有很大的問題，而覺得很沮喪。然而，時間減法並不是要去否定過去的自己，只是要讓我們重新排定人生中的先後順序而已。

在這一章中，我將會向讀者們介紹，在重新排定順序時能派上用場，以及強化時間減法時，能加以活用的技巧。

2 我的時間減法執行技巧大公開

我在提到不想做清單時曾經說過，一個人越是能找出自己不要去做的事，越能清楚認識到什麼是自己想做的，或是人生中必要的事。

在開始進行時間加法之前，請先實踐時間減法。不清楚自己想要做什麼，或對實踐下一章加法內容感到不安的人，請務必嘗試本章所介紹的，時間減法應用技巧。

應用技巧一 找出先入為主的想法

每個人都有自己的思考習慣。從我們出生的那一天起，就開始受到成長環境、學校教育和父母的影響，而出現許多自認為理所當然的事。

當我們開始實踐時間減法後，就能看見原本建立在別人價值觀（他人基準）之上，而不能省下的時間，或一直以來自己先入為主的想法。能否意識到這件事，在強化減法的過程中相當重要。讓我們一起掙脫先入為主的枷鎖吧。

在我經手過的諮詢中，有人會認為這段時間不能省＝必須得去做某事，這些人通常都有以下想法：

- 必須聽完部屬說的話。
- 不能拒絕和工作有關的事。
- 和家人一起外出，一定得全員到齊。
- 盂蘭盆節[9]和新年時，一定要回先生的老家。
- 為了孩子，一定要讓他們學習才藝，並和其他學生的家長打好關係。
- 大人一定得負起責任照顧孩子。

9 相當於華人地區的中元節，因地區不同，有的於七月中，有的於八月中進行相關活動。

其實每個人都有類似的先入為主，而在這些想法中，其實隱藏了我們執行時間減法的機會。

我在當管理幹部時的枷鎖

我第一次當管理幹部那一陣子（生孩子之前），自己的時間使用方式，簡直差到難以想像的地步。當時我認為，只要部屬有求於我，就得立刻幫忙處理，而且部屬們的話，必須全部且公平的聽完才行。這導致我在私人時間裡，還得接聽部屬們的來電和處理電子郵件，根本是二十四小時待命。加上我對待每位部屬一視同仁，所以不論有多少時間，工作總是沒完沒了，甚至拖延到了自己的進度。

對部屬來說，上頭有一位二十四小時都能聯絡到的主管，其實是在妨礙他們成長。遇到困難時，主管會設法解決；如果有問題或疑慮，只要說出來，主管就會教導，有這樣的主管實在太方便了。漸漸的，部屬們的緊張感和幹勁也會隨之淡薄。而要是部屬沒有成長的話，主管的時間還是會被剝奪。

身為一名公司裡的管理職，我雖然付出了大量的時間在工作上，可是卻沒有提升部屬的能力。歸根究柢，都出在自己被太多「身為主管就應該要……」這種先入為主的想法給限制，為此我做了一番檢討。

到了第二次擔任管理職時（結束育兒假，重回職場），我不再立刻回應部屬的提問，也丟掉要公平和每一個人相處的想法。我決定不讓自己再二十四小時無休。

在工作以外的時間，我基本上不去接部屬的來電和處理電子郵件（除非碰到緊急狀況），也不去理會部屬像是「所以該怎麼做才好啊？」這種搞不清楚狀況的詢問。只有在對方把要討論的內容、目前的狀況，以及想如何面對等，都理出個頭緒後，我才會和部屬約時間討論。

除此之外，我不再讓自己一個人去處理事情。為了能同時培養新的管理幹部，我導入了以三人為一個小組的新制度（第一四九頁圖十七）。

有別於以往管理職和部屬這種團隊型式，我選出一位小組長，透過我、小組長和組員這樣的結構，讓資訊橫向共享，執行工作時能更為順暢。

另外，我花在每位部屬身上的時間也有差異，這麼做除了能提高部屬自己是負責人的意識，還能讓他們注意到橫向連結，彼此相互幫忙。從結果來看，捨棄了先入為主的想法後，我花在工作上的時間也隨之減少了。

經過這番改變，我不但能保障自己的時間，小組長們也得到磨練的機會，其中一位小組長憑藉個人的能力，日後還被調到總公司服務。除此之外，我的團隊還贏得了公司內部的表揚，一切都順利了起來。

看到這裡，有些人或許會覺得我是瞎貓碰上死耗子，可是我得到這樣的成果所耗費的時間，其實比第一次擔任管理職時少了許多，而且不只業績有所成長，公司對我和部屬的評價，比我前一次擔任管理職時要好上許多。或許其中的確和運氣有關，但我相信最主要的原因，還是源於自己掙脫了先入為主的枷鎖。

一定要照顧孩子？

先入為主的觀念，可以藉由寫在紙上，或找人傾訴的方式來發現它們。

讓我們再次拿出時間紀錄表來端詳一下，找一找那些自以為不能省掉的時間裡，

圖十七　3 人 1 組的體制

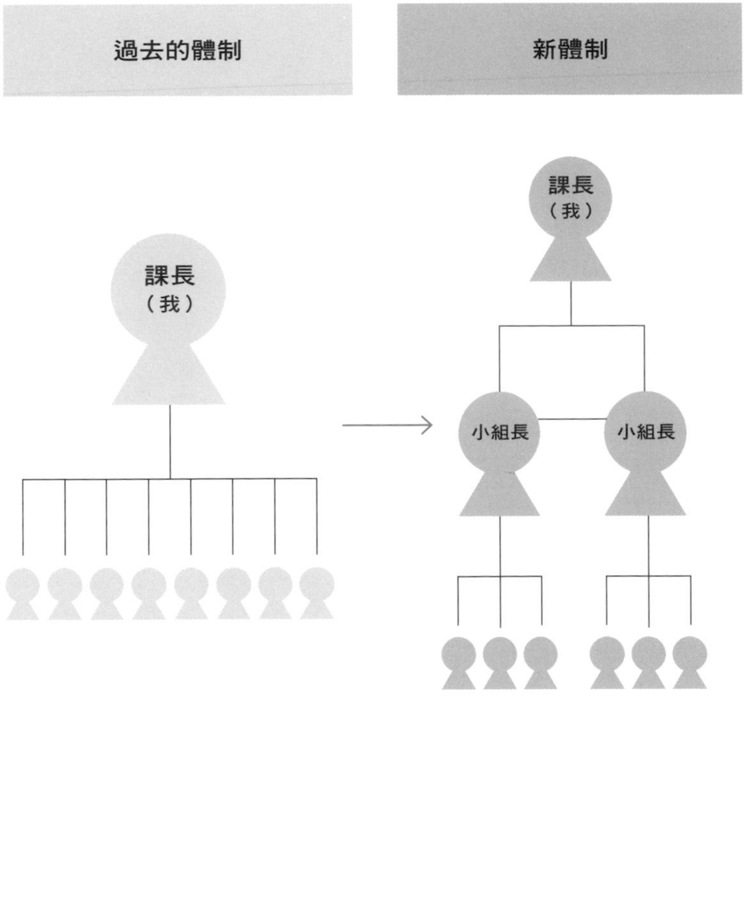

隱藏了多少先入為主觀念（左頁圖十八）？

大人一定得負起責任照顧孩子才行，這也曾是我的先入為主枷鎖。

如果我們從孩子還是小嬰兒的時候開始，就一直在照顧他的話，很容易就會讓自己以對待一個弱小生命的方式來與孩子相處。但是有一天，當我去接送孩子時，看到托兒所裡的櫃子及其收納方式後，突然靈光一閃。托兒所為了讓小朋友學會自己收拾東西，便調整了櫃子來配合孩子們的視角。

玩具收納處、毛巾放置處、更換睡衣處、放置刷牙器具的空間等，這些地方都是由孩子們自己動手做。托兒所建立了一套能讓小朋友自己動手整理的機制。

「原來就算只是三歲的孩子，也能讓他學會自己動手做事。」了解到這件事情後，我就捨棄了大人必須為孩子們做事的先入為主想法。

我以托兒所為範本，把自己家中鞋櫃的一部分，調整成和托兒所的置物空間相同的做法（第一五二頁圖十九）。

我家的鞋櫃放置了手帕、帽子和毛巾等，孩子們在托兒所會用到的全部東西。把櫃子放置在孩子也能管理的地方，他們就會主動去準備明天要帶去托兒所的物品。在

圖十八　從時間紀錄表中找出先入為主枷鎖

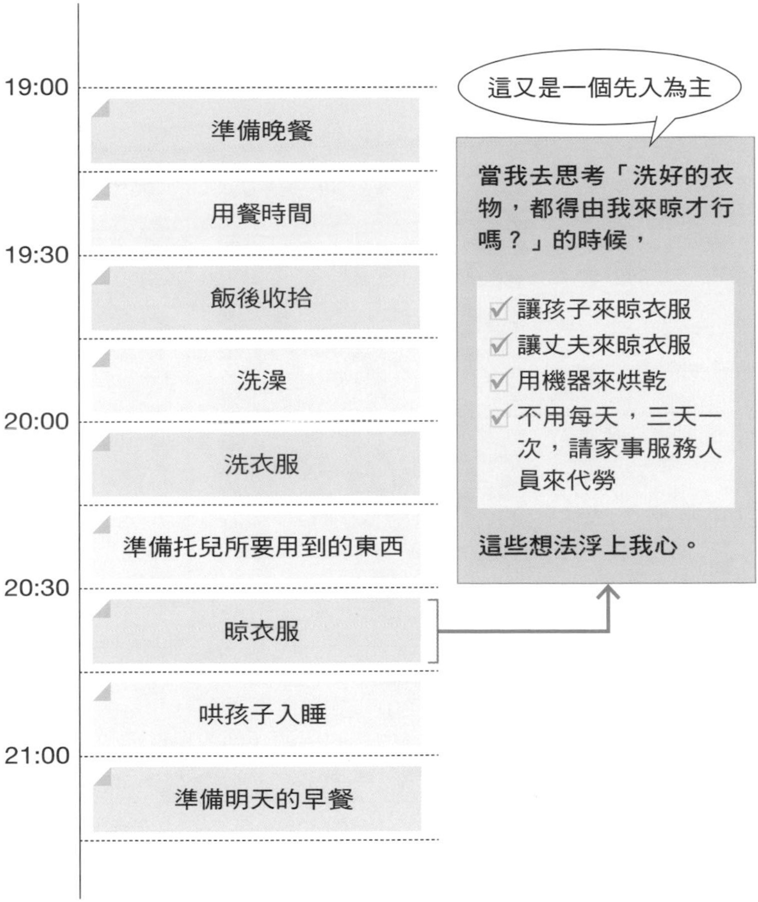

圖十九　配合孩子們的視角，經過調整後的鞋櫃

最上面這層是大人的空間。會放置母子手帳[10]、印章、鑰匙和公園散步包包（裡頭有尿布和防晒乳）等物品。為了讓自己在玄關處，只要一個動作就能備齊需要的東西，而做了些設計。

中間這層是哥哥的空間。左邊空下來的地方用來放置托兒所的包包和帽子。透明收納盒中有手帕和襪子。裡頭還有迷你掃帚和畚箕，要是東西弄髒了，孩子可以自己清潔。

最下面這一層是弟弟的空間。雖然和哥哥的大同小異，但因為弟弟年紀還小，毛巾和衣服等要帶到托兒所的東西也不相同，所以我把會用到的東西，都收進綠色包包裡（不用尿布之後，東西的量也減少了）。

（此為示意圖）

我們家，孩子們有一套回家後要進行的流程，首先是更換櫃子裡的東西，若有要換洗的衣物，他們會把髒衣放到盥洗室的洗衣籃裡，接著把手洗乾淨。

孩子們回到家後，若能立刻把包包放到鞋櫃裡，自己更換需要的物品，就不用我來提醒。當然，更換乾淨的衣物，或大型物品（例如被子等）得由大人來做，但他們只要能自己替換物品，每天就能幫我省下不少時間。

此外，我家還買了飲水機，並把機器放在孩子們自己也能裝得到水的地方。飲水機旁有孩子們專用的杯子，當他們口渴時，就可以自己去喝水。把眼光放遠一點來看，讓孩子們學會自己去喝水，而不是每天為他們倒水，也是在實踐時間減法，而且還能讓孩子們變得更獨立。

以上就是我找出職場和家庭中先入為主的觀念，並改善的兩個例子，希望各位也能找出自己的枷鎖，如此一來在執行時間減法時，一定會更加順利。

---

10 為日本母子健康手帳的簡稱。這本手帳的目的，旨在保護孕婦和嬰幼兒的健康，手帳中可以記錄女性從懷孕到生產過程的狀況，以及嬰兒的發育狀態。

應用技巧二 不重要但緊急的事情，越需要減法

在時間減法的應用技巧中，減少用在緊急但不重要的事情上的時間，是許多人繞不過去的課題。

在《與成功有約》這本書中，要事第一，為書裡所列舉的第三個習慣。在那一章節中，作者以著名的急迫、重要四象限表，來說明人生的時間使用法（左頁圖二十）。生活中，我們很容易會受到緊急的事情所影響，或是把時間花在不重要的事情上，但該書作者認為，我們應該把時間和資源，用在不緊急但重要的事情上。

以上為《與成功有約》一書中廣為人知的內容，相信有不少人在生活中，也會留意此書所提到的事。

事實上，在我們為時間減法建立一套實踐方法時，可以從這四象限表中，得到重要的啟示。當我們在執行時間減法時，最需要注意的就是用於不重要卻緊急的時間。這種時間經常可見於時間紀錄表中，是我們自以為省不下來的時間之一。因此在實踐時間減法時，重要的是如何控管好這類事情。

圖二十　重要、緊急四象限矩陣

	不重要	重要
不急	✕ ・打發時間 ・隨興看看電視 ・和不想見面的人見面 ・沒有目的的行為 ▼ 應該停止	○ ・健康的生活習慣 ・和家人共度的時光 ・主動去從事能豐富自己人生經歷的事情 ▼ 人生中重要的事情
緊急	・下班前有客戶來訪 ・主管突然要求完成某項緊急文件 ・孩子發燒時的應對 ▼ **以上為應該於事前用減法（想出一套應對方法）來省下的時間**	・和有生意往來的客戶之間發生問題 ・自己突然生病 ・遇到災害或事故 ▼ 不用遲疑，應立刻採取應對措施

有人可能會問，為什麼關注的焦點不是重要且緊急的事？因為發生重要又緊急事情的機率極低。公司失火了、因自己的失誤讓合作案告吹、孩子被救護車送到醫院，類似這些重要又緊急的事情，一年之中不太可能發生好幾次，而且既然是自己無法掌控的事情，就別太花心思了。相對的，雖然緊急，但不是那麼重要的事情，卻時常出現，像是被主管要求完成某個緊急的文件、托兒所打電話來說孩子發燒了、準備下班時客戶卻來訪，像這類例子多到數不完。不知道各位是如何面對？

這些雖然都不會影響到我們的人生，卻有其急迫性。正因為我們也需花時間來解決，因此我們可預先設計好一套應對它們的減法。

這裡就以前述雖然緊急，但不是那麼重要的事情為例，來思考一下該如何處理：

- 被要求完成某個緊急文件。

↓平日就要提醒主管，下午三點後才交派下來的資料，當天很有可能無法完成。

- 托兒所打電話來說孩子發燒了。

↓平日就要先確認好哪些人（自己、丈夫、保母等）可以到托兒所接孩子。事前就要商量，是要夫妻輪流去接，還是找臨時保母。

手頭上要預備幾處小孩生病時會去的診所、醫院的聯絡方式。當得中斷工作時，要把會用到的文書工作資料，放在主管和團隊成員都能立刻找得到的地方，妥善保管（平常就要主動讓大家知道自己的日程安排，並把資料存放在雲端）。

● 準備下班時客戶卻來訪。

→事前先告訴客戶，如果沒有事先約好，自己很有可能不在公司。此外，除了要具體讓同事知道，自己手邊的工作進度到哪裡之外，還要向主管報告。另外也需要和主管討論，自己如果遇到緊急狀況時，得請主管幫忙應對的事項。

雖然前面提到的處理方式看起來都很理所當然，然而當我們想要強化時間減法時，就得更加留意對象、針對某件事、能做什麼，並實際預演過才行。尤其當自己無法離開工作崗位，卻需要去兒童醫院接小孩或拜訪客戶時，能請誰來幫忙處理這些事情？這些情況都應該事前準備好對策。

我在職場中，也曾多次被緊急事件搞得團團轉。如果當時採用的處理方式，只是為了應付當下情況，那麼自己原來安排好的行程，就得全部往後延，結果反而得花更多時間來處理。

面對緊急但不重要的事時，要是我們可以事先做好準備，就能為自己省下最多時間。只要手上有越多應付緊急情況的備案，那在執行時間減法時，就會更得心應手。

應用技巧三　把時間視為一種動作

另一種強化時間減法的訣竅是，以動作來掌握時間（左頁圖二十一）。我們不應該用籠統模糊的方式，來面對想要省下來的時間，而是把這段時間拆解為具體的行為之後，再來執行減法。讓我們來看看以下例子：

×在沙發上悠閒的度過三十分鐘。

○坐在沙發上，在藍色的馬克杯裡倒入自己喜歡的咖啡，花三十分鐘來看一部

圖二十一　以動作來掌握時間

在沙發上悠悠哉哉的 30 分鐘

- ✓ 飯後
- ✓ 坐在沙發上
- ✓ 把腳擱在靠墊上
- ✓ 手上拿著智慧型手機
- ✓ 看社群網站 → 這是要省下來的時間

自己喜歡的劇。

像×那樣，就會讓時間顯得過於籠統，我們應該用每個動作來掌握時間。

在沙發上悠閒的度過三十分鐘，這件事對不同的人來說，採取的行為也不一樣。在沙發上是坐是臥，因人而異，有些人甚至會把頭擱在沙發上，身體卻坐在地板上。至於在悠悠哉哉的狀態下，是要小酌一杯好，還是來吃個冰淇淋；是要看個電視好，還是滑滑手機，每個人會做的事情都不同。

如果我們用籠統的方式來掌握時間，就有可能出現這種情況：「還是不要在沙發上待三十分鐘好了，去做其他事情也不錯」，讓自己掉進極度抽象的減法之中，這有可能成為我們執行時間減法的阻礙。

舉例來說，在沙發上悠閒度過三十分鐘的這段時間，實際上卻是滑手機、看社群網站三十分鐘。如此一來，就算是對在沙發上悠閒度過三十分鐘執行時間減法，那也不過是換了個地方滑手機，不能算是真正有做到減法。

在沙發上悠閒度過三十分鐘，在這段時間裡，還包含了哪些動作？如果我們能將其拆解並加以掌握的話，就會發現自己想要停止的行為，和不應該浪費掉的時間。例如我們可以這樣分解：吃完飯後在沙發上坐一會兒，把腳擱在靠墊上，然後拿出手機，一邊喝咖啡，一邊看社群網站。

可以分析到這個程度，並由自己來掌控行為的話，那麼在沙發上悠閒度過三十分鐘，就不是一種浪費，還能發現想要剔除掉的行為，像是減少沒有目的性的滑手機、瀏覽社群網站的時間等。接下來我們要做的，就是把看社群網站的時間改為讀書。

只要能了解時間中的動作，在實踐時間減法時，就能更加得心應手，並讓自己持續執行下去。舉例來說，我會找出每天早上準備出門時的動作，然後從中發現自己想省下穿絲襪的這段時間。穿絲襪其實很費時，當你發現絲襪脫線時，就得換一雙才行。在緊湊的晨間時光裡，發生這種事總是讓人心情焦躁。

雖然穿絲襪只需兩到三分鐘，但當我試著把每天早上的準備時間動作化後，就盯上這個動作，然後花了點時間去思考這件事情。

對穿絲襪的時間做減法後，我發現我想減少因穿絲襪，而使自己在辦公室裡腿部發冷的時間；為了穿高跟鞋，使腳部浮腫的時間；以及冬天時配合絲襪穿高跟鞋的時間。把時間仔細拆解後，自己還發現了其他想要省下來的時間。

只要把注意力放在動作上，緊盯想要節省下來的部分，如此一來，就算透過減法只幫自己省下短短幾分鐘，也能在其他時間上，產生連鎖式的減少。藉由區分出動作，我們會對自己討厭的事情越來越敏感，就會盡量去減少浪費在這些事情上的時間，並把注意力放在如何把時間用在使自己開心的事情上。

藉由把時間動作化這個步驟，除了可以提高分析力，還能減少許多讓自己焦躁的事情。不再去做那些自己不喜歡、不擅長，以及不想做的事，反過來說，即是增加自己的幸福時光。

動作化既是時間減法中的重點，也能對自己該如何過生活有所啟示。該技巧還能幫助讀者發現時間加法的項目，所以請大家一定要實踐動作化，來加深對時間減法的理解。

應用技巧四　事情不做到完美

當我要為自己創造時間時，首先想到的，就是從上班時間開始，來執行時間減法。然而一開始就挑戰這麼大的目標，從視覺化到執行減法，就得花掉不少時間，而且還有可能反彈，但我相信，正在閱讀本書的你，應該也都苦於工作之多和工時之長，因此就算需要承擔一點風險，我還是想向大家介紹能迅速執行時間減法的方法。

該怎麼做才能迅速執行時間減法？我的答案很簡單，就是不要再去做那些做了比較好的事情，這樣就能增加自己的時間。以我為例，只要完成工作的八成左右，大都可以在上班時間內完成。然後我發現，把完成度從八成提高到百分之百，才是壓迫到時間的主因。

在這些作業中，有不少都是做了比較好的事，像是加入補充資料、把ＰＰＴ做得漂亮一點、附上可能會需要的問答集等，想必大家都認為多做這些事，可以證明自己很優秀，所以無法不做。至於我的話，則是完全忽視放棄追求完美品質。和金錢不同，時間是有限的，我們不可能有足夠的時間，去追求把事情做到百分之百完美。

當然，我做出這樣的決定，也是需要承擔風險。要是被他人指出缺乏詳細資料，或品質下降的情況，就會喪失他人對自己的信賴。因為我知道有這樣的風險，所以一開始我先從公司內部的事務來嘗試，挑戰把完成度為百分之八十的工作提交出去，就算出現問題，對公司造成的損失也不大，個人需要擔負的風險也有限。如果主管不滿意，並要求改進的話，到時再來想辦法處理。

事後來看，結果和我預期的一樣，而且令人意外的是，沒有任何人指出我有做不好的地方。或許我之前真的把太多時間花在完成超過要求的品質上了，於是我就改變自己的工作型態：

- 文書類的工作，只要完成百分之八十就交給主管。
- 在時間紀錄表上，標出每個小時要做的工作內容，並依先後順位，不去做順位最低的兩件事。

- 每天記錄帶回家完成的加班內容，然後從一週的紀錄中，剔除那些自認為「做的話會比較好」的事情，並不再將這類工作帶回家處理。

以上是我個人的例子，相信大家在職場上，一定都會碰到很難應付的工作。但無論如何，其中一定有你多做了的事情。如果你急需運用時間減法，為自己創造時間的話，就得找出這些事，然後在自己能夠承擔的風險下，去執行時間減法。

如果我們想得到什麼，就得付出什麼。在完全不離開舒適圈的情況下去做改變，需要花掉不少時間。對那些不立即執行時間減法，就會因過度缺乏時間，而辭掉工作的人來說，一定要試著去承擔風險，來為自己爭取多一些的回饋（時間）。

關於時間減法的技巧就談到這裡。時間減法其實就是減少、停止，以及重新選擇，而這對某些人來說，並不容易執行。

時間的使用方法，就是你過人生的方式。接下來，讓我們一起來執行時間加法。

POINT

- 時間減法，就是重新排定人生的先後順序。
- 丟掉「不能不做」的先入為主觀念。
- 為用在緊急卻不重要的事情上的時間做好準備。
- 用具體動作來掌握時間。
- 丟掉所有多做了的事情。

第 5 章

從減法創造出來的時間，「加」回你的人生

1 問自己：什麼事情對你最重要

時間減法是去排定人生中的先後順序，而時間加法，則是選擇人生。加法是在減法創造出來的時間中，打上為了過上理想的一天，所需要的「點」。

打點，是以個人的價值觀為基礎，把對自己而言重要的事情，納入自己的人生之中。如果每個當下的累積，都會形成我們的人生，大家肯定會想選擇，對自己真正重要的事物。

然而，當我們被問到：「對你來說，人生中重要的事情是什麼？」時，卻只有極少數的人能夠立刻回答出來。如果是七年前的我被問到這類問題，大概也很難好好答覆。但現在的我，已經可以說出一個大概的方向。對我來說，重要的事情是家庭、思考力、對知識的好奇心和健康，另外還有，身邊維持三十人左右，輕鬆的人際關係、可以學習不同時期自己感興趣的事物、擁有正面思考和體力、不會為收入而煩惱，過著舒適的生活。

每一天的自己和環境都在不斷改變，對目前的自己來說最合適的事物，很有可能到了隔年就不同。最重要的是，至少要知道自己想往哪個方向前進。就算還不是很具體了解自己想成為什麼樣的人，但只要決定出一個大致方向，然後朝著那方向使用寶貴的時間，這就是時間加法、在人生中打點。

關於打點這件事，有一則著名的故事。蘋果公司創辦人史蒂夫．賈伯斯於二〇〇五年時，曾在史丹佛大學的畢業典禮上，為畢業生獻上祝福。賈伯斯說道：「我們不可能去預測未來，然後把人生中的點和點連結在一起，但我們可以在事後將它們串聯在一起。」賈伯斯還提到，正因為他在大學時，學習了和電腦毫無關連的書法課程，日後才創造出 Mac 電腦獨有的字體。

這則故事要我們去相信，就算無法立刻看見成果，然而目前我們所做的一切，總有一天會和未來有關。會和未來產生怎樣的連結，關鍵在於我們接受了哪些挑戰。還是要再強調，時間加法，就是在人生中打點。我們每天所做的事情，以及花費的時間，都是在人生這條漫漫長路上，所打上的每一個點。這些點有可能在將來串成一條線，也有可能無法。然而，若是沒有打點，就絕對不可能會成為線。

我想表達的，並不是希望各位都像賈伯斯那樣，充滿企圖心，把點連成線，幹出一番大事業。只要能把時間用在對現在的自己來說，是關心、滿意的事情上，那麼在未來的某個時刻，這些點肯定能連成一條你所需要的線。

我在大學時讀的是心理學相關科系，畢業後卻從事和心理學無關的工作。這是因為我原本就想挑戰民間企業中，綜合職[11]這份工作內容。如果僅從我從事的工作來看，心理學這個點並沒有成為線。可是當我離開校園十幾年後的現在，學生時期學習過的心理學知識，在我發表各種文章，或養育孩子的時候，產生了很大的作用。

其他像是閱讀和瑜伽，以及身為一名職場媽媽，仍絞盡腦汁的找出辦法或小訣竅，來解決職場中所遇到的煩惱等，我努力在每一個瞬間打上點，在未來一定會連成線，為自己的生命帶來助益。

2 給你一整天自由，你打算怎麼過？

首先，要請各位寫下度過理想二十四小時的方法，但有以下三項條件：

1. 忽視無法達成的理由。
2. 以自己可以自由使用二十四小時為前提。
3. 不要給任何人看。

11 在日本，公司以綜合職錄取的正式員工，一般來說，都是將來預期可以晉升為管理職，或是以管理職為目標的人。

寫下理想中的安排之後，接著繼續寫上前者和現實之間的落差。最後再補充可以填補落差的事項（左頁圖二十二）。

在完成圖表後，就能知道「原來待在家裡的時間，對我來說如此重要」、「閱讀或做瑜伽，一個人的時間很寶貴」等想法。

如此一來，當我們思考需要做什麼來獲得理想的時間時，自然就會把目光投向填補落差上，接著心裡會逐漸浮現出一些注意到的事情，這能提示我們，執行時間加法時該採取何種行動，以我來說：

我的理想時間：

- 喜歡待在家裡。
- 比起和別人碰面，更喜歡自己一個人做事（例如讀書或做瑜伽）。
- 晚上想和家人一起吃飯，悠閒度過。
- 理想的睡眠時間為七小時。

圖二十二　寫下理想中的安排，找出與現實之間的落差

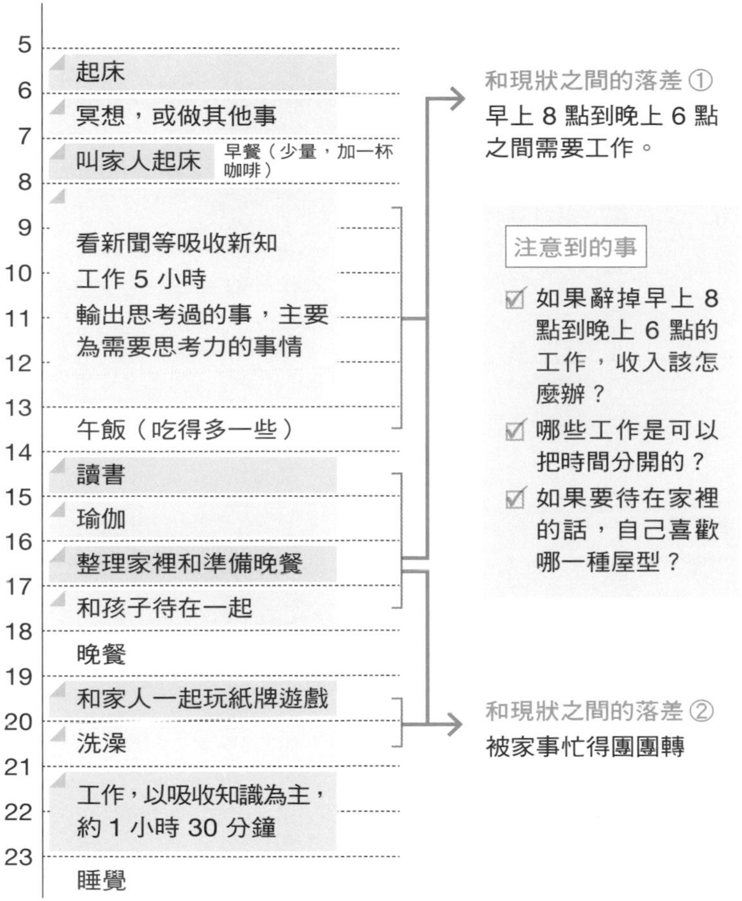
5
起床
6
冥想，或做其他事
7
叫家人起床
早餐（少量，加一杯咖啡）
8
9
看新聞等吸收新知
10
工作 5 小時
11
輸出思考過的事，主要為需要思考力的事情
12
13
午飯（吃得多一些）
14
讀書
15
瑜伽
16
整理家裡和準備晚餐
17
和孩子待在一起
18
晚餐
19
和家人一起玩紙牌遊戲
20
洗澡
21
工作，以吸收知識為主，約 1 小時 30 分鐘
22
23
睡覺
和現狀之間的落差 ①
早上 8 點到晚上 6 點之間需要工作。
注意到的事
如果辭掉早上 8 點到晚上 6 點的工作，收入該怎麼辦？
哪些工作是可以把時間分開的？
如果要待在家裡的話，自己喜歡哪一種屋型？
和現狀之間的落差 ②
被家事忙得團團轉

- 每天都想讀書和做瑜伽。
- 希望工作時間可以分段，而非長時間持續某項作業。

和現狀之間的落差①：

目前的勞動時間和理想的一天無法配合，因為工時長（從早上八點到晚上六點），傍晚之前很難回到家；待在家裡的時間很短，很難和家人一起悠閒度過。

注意到的事情：

- 是不是應該去找不受限於長工時，且非勞力資本型的工作？
- 是否有工作可以待在家完成，且不必連續作業，這樣就有時間陪家人。
- 立刻離職的話收入會驟減，需要計算每個月家裡所需的固定支出。
- 從公司以外的地方獲取收入。

和現狀之間的落差②：

平日沒有時間去做自己想要做的事情（閱讀和瑜伽）。回到家就被家事搞得團團轉，從傍晚開始就沒有自己的時間。

注意到的事情：

- 為什麼傍晚過後，家事會占掉這麼多時間？
- 因睡眠不足（不到七個小時），導致睡覺勝過去做自己想做的事情。
- 如何才能確保買書的錢和閱讀的時間？目前還沒有一套可行的機制。
- 不只想學習瑜伽，還想教授瑜伽。從事教學的話，還可以有額外收入。

我把注意到的事情，和想到的對策整理如下：

- 是不是應該去找不受限於長工時，且非勞力資本型的工作？

把運用減法省下來的時間，拿來搜尋有哪些工作是非勞力資本型。每週三次，可以參考書籍或網路。

- 可以待在家中完成，且不必連續作業的工作。這樣就有時間和家人在一起。為了找出待在家裡也能從事的工作，得找個時段來徹底檢視一下，自己的職場經驗和技能等。
- 立刻離職的話收入會驟減，需要計算每個月家裡所需的固定支出有多少。我們家的最低固定支出是多少？找個時間來仔細算過一次，和丈夫商量一下，要不要使用 Money Forward 這類理財 App。

像我這樣做，就能找出行動來填補落差。

我在幾年前寫下了理想的二十四小時，和從中注意到的事情，還有如何因應的對策，當時在我的理想和現實之間，存在著巨大差距。時至今日，我已經能以當初所想要的理想時間來生活了。能夠達成這件事，是因為我藉由自己寫下的文字，並逐步去增加時間加法，用於填補落差。

寫出理想的一天後，就能看見方向。接著你會擦亮眼睛尋找，為了抵達目的地所需要的手段，然後讓現在的時間使用方式，配合自己的步調。這就是時間加法。

或許有些人會懷疑，寫下理想的一天，這件事有意義嗎？我想告訴你，它的意義可大了。把理想化為文字，其實就是對自己做出預言。人類身上有一種特性，為了實現預言，會選擇去做與之有關的行為，預言會引導我們往目標前進。這即是由社會學家羅伯特．金．莫頓（Robert King Merton）所提出的自證預言（Self-Fulfilling Prophecy）。

3

有沒有不會被長時間綁住的工作？

我原本還挺喜歡去公司上班這種勞動形式。我的工作很有意思，薪水也不差，就算有了小孩，公司還是可以讓我繼續做下去。雖然缺少自己的時間，但過去的我一直認為，應該可以持續做下去。然而，就在試著寫下理想的一天（人生的目的地）後，我突然意識到，這種時間的使用方式，無法讓我靠近自己理想的人生。

當我思考該怎麼做時，這個想法逐漸浮上我的心頭：「工作占據了我一天中最長的時間，但什麼才是它的最佳型態？」我開始構思要在勞動收入（不工作就沒有現金收入）之外，為自己打造一個在睡覺時也能賺錢的模式。

首先要做的，就是花點功夫來調查一下，除了勞動收入之外，還有什麼方法能獲得收入。要想知道這件事情的方法還不少，可以看書、上網查資料，或直接問認識的朋友。

為了蒐集資料，哪怕只有三十分鐘也不要緊，我把它們都充作加法時間，不斷累積。等資訊蒐集得差不多了，再從中挑出自己能實踐的項目，並逐一放進加法時間中，用來填補落差。

經過多方蒐集之後，我選擇了不動產租賃。如此一來，我就往理想的一天更接近了一步。此外，我還去研究股票和基金，為自己打造另一個能以財富創造財富的機制。而且，我還藉由教授瑜伽，和製作音頻節目的方式，幫自己額外掙得每個月三萬日圓的買書費用。

從結果來看，我現在已經過著當初的理想生活了。這都源自我每天藉由時間減法，為自己省下一到一個半小時的個人時間、補上落差，加上持續進行小型加法後，所獲得的成果。當然，我相信一定有人在試著寫下理想的一天後，認為自己絕對做不到。其實剛開始，我也認為理想和現實是不一樣的，想過這種日子，恐怕只能等老了以後才能實現吧。

雖然很難一步到位，但我們還是可以讓現在的時間使用方式，往理想生活的時間使用方式靠攏，而這段持續累積的時間，也會形成我們的生活方式，希望大家在實踐時間加法時，也要注意這一點。

時間加法，在經過一、兩年之後，肯定足以改變你的人生。

4 做什麼事，你會覺得自己很幸福

寫下理想的一天時，肯定會有人無法動筆，或是苦思冥想，卻想不出來。就算告訴他不用去想工作、錢和孩子的事，只要把想到的事情寫下來即可，對方還是會說：「腦海中就是會浮現工作的事情，沒辦法自由書寫，而且還有孩子……。」結果仍然無法下筆。

或許我說話有點直接，但就算只是想像，仍不知道如何以文字表達，想度過怎樣的一天的人，他們和平日就沒有去思考自己人生為何的人，其實半斤八兩。他們很有可能只是在扮演別人所要求的角色，或生活方式而已。

人類無法將沒有思考過的事情，化為文字表達，而且也只有自己能決定，想要怎麼使用時間。「你想做什麼？想如何過生活？」，這類問題在長大以後，就不會有人再去問你。時間是一種有限的資源，如果你不知道該如何使用，其實也就證明，你根本沒有去思考過自己的人生。

就算只是模糊覺得，「要是自己有多一點時間，那該有多好啊」，但只要你沒想過，就不曉得該如何善用時間加法，來為時間增值。時間加法，就是認真去思考自己想過什麼樣的人生，然後為了實現目的，所做的時間取捨。

寫不出理想的一天的人，可以重新閱讀第四章。實踐裡面的技巧，決定好不再去做的事情後，你將會從中發現對自己的人生來說，很重要的事情。

正因為不會有人問你：「你的理想生活是什麼？」所以我們更應該自己找出，做什麼事情會讓自己幸福。如此一來，你就會開始留意時間的使用方式，並選擇理想的時間。

5 製作一張「一定要做什麼」的任務清單

在這一節裡，我要向各位介紹幾個關於使用加法的技巧。

加法和減法不同，加法的重點會放在不斷修正、持續、回顧，這三件事情上。

靠小動作來填補落差

當我們完成理想的一天後，就會注意到理想與現實之間的落差，而那些注意到的事情，則可以成為具體的加法項目。

在第四章我曾經提到，盡可能把要減少的事物，以及增加的事物，都改以動作來描述（下頁圖二十三）。在沙發上悠哉放鬆不是動作，應該將其改為：坐在客廳的沙

圖二十三　時間加法小動作化

加法
盤點自己的職場經驗和能力。

→

注意到的事
有沒有不會被長時間綁住的工作？

→

落差
勞動時間和理想的一天無法配合。

→

小動作化
（使用由減法所省下來的時間）

- 第 1 個月要
  拆解自己的人際技巧
  - 第 1 週　被他人誇讚的事。
  - 第 2 週　自己感到高興的事。
  - 第 3 週　個人不擅長的事。
  - 第 4 週　覺得有成就感的事。

- 第 2 個月要
  拆解自己的專業技能
  - 第 1 週　在工作上受到讚揚的事情。
  - 第 2 週　已取得的證照。
  - 第 3 週　技巧。
  - 第 4 週　預先空下來。

- 第 3 個月要做
  市場調查
  - 第 1 週　和目前相同職位。
  - 第 2 週　調查感興趣的職位年收入多少。
  - 第 3 週　透過人力公司，確認截至目前為止，自己年收入的上下限。
  - 第 4 週　預先空下來。

落差→注意到的事→找出問題，並運用時間加法。之後，把動作內容詳細記錄下來。接著，分配到第一個月、第二個月和第三個月中，規定自己要在每個星期，去完成該週所設定的目標。

發上，為自己倒一杯喜歡的紅茶，用 Kindle 電子書閱讀三十分鐘。

加法項目，同樣可以將其拆解為許多小動作。就以喝水為例，可以細分為：挑選一個杯子、拿出瓶裝水、打開蓋子、用嘴喝水等動作。像這樣小動作化之後，各位就能感受到小小的成就感。雖然無法在短時間內有巨大變化，但也能避免發生反彈。重點在於，細部分解加法，然後持續小規模累積。

假設我們把重新計算家庭開支的時間，擺進時間加法中，這件事恐怕也無法在一天之內完成。重新計算家庭開支，需要掌握收入與支出的金額，若想要降低固定支出，還得調查各項支出之間的金額差異，例如去計算保險費、花在車子上的錢、電信費、信用卡費等，這些都需要花時間來做才行。

就算是每天有三十分鐘加法時間的人，也可能得花一個月來完成這件事。此時，如果只是用一種籠統模糊的方式，來重新計算家庭開支的話，有些人就會不知道該從哪裡開始著手。

若是以小動作來處理這件事的話，則會變成：這週有三十分鐘×五天（平日）的時間，首先把各種支出給理清楚。星期一計算生活費、星期二是固定支出、星期三是花在孩子身上的錢、星期四是回娘家等所需的臨時費用，而星期五是娛樂費用和其他項目，以及項目的細部調整。這麼做之後，你每天都會有「我完成了這個部分」的成就感，而這種成就感的累積，還會轉化為自我效能（第九十九頁）。

小動作化有四項優點：可以藉由修正，繼續執行下去；能夠重新審視整體的動作；遇到窒礙難行之處，可以立即修正；讓自己追本溯源，重新審視動作。

假設在理想的一天中，有個項目是維持身體健康的運動時間，而且，你決定每天要健走到公司上班，然而在嘗試兩週之後，你逐漸覺得這不是件輕鬆的事情。「只是走到公司就好累，我果然做不到。可是都已經下定決心，再堅持一下，說不定體力就鍛鍊起來了！」這麼想之後，你又堅持了一陣子，直到某個下雨天的早上，你決定暫停當天的健走，從那之後，你就此放棄每天早上健走。如此一來，無法堅持自己下定決心要去做的事情，不僅使自我肯定感下降，而無法達成健康這個目標，更打擊了你的自我效能。

遇到這種情況，最重要的應該是在放棄之前，回到受阻之處，並立即修正。

你可以先從自己做得到的事情開始調整。例如，如果走到公司真的很累，你可以在體力鍛鍊起來之前，選擇搭電車到前一站，又或者第一步要做的不是健行，而是在車站或公司裡都走樓梯。根據情況重新審視整體動作，再次評估原本自己所預期的理想的一天，也很重要。

原本自己想為了活得健康所以運動，而健行不過是一種手段罷了。若是想過得健康，其實還有皮拉提斯、跑步、游泳等運動可選擇，或者藉由改變飲食內容、充足睡眠，來達成原本的目的。

你也可以這樣調整，「雖然自己把健走用在時間加法，但最近也有睡眠不足的問題，先把健走時間拿來睡覺好了，這樣執行一個月看看吧」，因為是自己選擇改變，所以不會有降低自我效能的問題。

常規作業自動化，提升加法品質

在第四章我曾經提過，要把加法時間，用在思考力和體力上。為了讓自己過得有意義，重點應該放在，盡量讓常規時間自動化。

接著讓我們先來看看有哪些常規時間。

排除掉能享受購買日常用品樂趣的人，我們可以打造一個流程，讓我們不用出門買日常用品。做法是使用網路商店和宅配服務。進一步來說，如果想要把花在選購商品的時間也自動化，可以使用全部定期配送的服務。像我就是利用日本生協的「給我相同的東西」這項服務，如此一來就不需要去採買，每星期都會有常吃的蔬菜、肉類、牛奶、米和納豆等，直接配送到家裡來。

其他像是每個月都需要定期補充的洗髮精、清潔劑和尿布等，我也是在亞馬遜上設定定期配送，來達到自動化，這麼做可以幫自己省下腦內的儲存空間。而自從家裡使用掃地機器人之後，大家就不會再把東西放在地板上。

另外，因為整理很麻煩，所以家中的東西也開始減量（衣服和鞋子尤其明顯）。做了上述這些事之後，除了可以爭取到寶貴的加法時間，還能為自己保留思考力和體力。

我在產假期間，取得了整理相關的證照（生活管理師一級、整理收納顧問三級）。可能有人會納悶，為什麼我要特意花時間，去學習和理想的一天看似沒有關連的知識？但整理其實需要付出許多精力。特別是有小孩後，大人還得幫忙整理孩子的東西，而花在這上面的常規時間，則會擠壓到其他時間。

當我整理完東西後，在接下來的個人時間裡，經常會筋疲力盡到什麼都不想做。於是，我才想要去打造，並維持一個優質的整理方式，而為了能靠自己改善，才去學習了這方面的知識。

最後得到的效果非常理想，我的常規時間得以節能的方式度過，甚至在加法時間裡，都能幫自己省下思考力和體力。雖然大家不必和我一樣，去做和自己的理想看似沒有關聯的事情，但如果你也想提高加法時間的品質的話，我推薦各位把常規作業自動化。

預先列好空閒時間的任務清單

我現在只要有五分鐘，就會用 Kindle App 來讀書；只要有十分鐘，就會用來回覆電子郵件，或社群網站上的留言；只要有十五分鐘，就會用來查資料，或用語音的方式來做備忘錄；要是有三十分鐘，就來寫筆記，或寫要發表在部落格上的草稿。

以上就是我決定在稍微有空閒的時間裡，會去執行的加法任務。就算只是一段不長的時間，我都會計畫有五分鐘就做這件事，有十分鐘就做那件事，例如，在重新檢視家庭支出的那段時間，就會想要閱讀理財相關的書籍，或是去諮詢有關開證券戶的事。時間加法的項目越是具體，與之關聯的事項就會接連出現。

當在等電車，或等孩子放學時，出現了短暫的空白時間，我們會想要把握這個空檔來做事，然而時間卻在我們思考時瞬間溜走了，所以我們應該預先製作一張時間加法的任務清單，來應對可能碰到的空白時間（左頁圖二十四）。

我想要提醒各位，這個清單並不是用來消磨零碎時間，這短短的幾分鐘甚至數十分鐘的累積，將會連接到你的未來。

雖然只是利用零碎時間，但仍是具有連續性的加法時間。當人們在做自己喜歡的事情時，哪怕時間有限，都能度過一段高滿意度的時間。就算只是短暫的五分鐘、十分鐘，只要經過加法洗禮後，都能為人生打點，並在將來連線。

圖二十四　時間加法的任務清單

- ✓ 有 5 分鐘的話
  用手機的 Kindle App 來讀書。
- ✓ 有 10 分鐘的話
  回覆電子郵件（完成草稿也行）。
- ✓ 有 15 分鐘的話
  查資料，或把目前在意的事情用語音的方式記錄下來。
- ✓ 有 30 分鐘的話
  寫筆記或部落格文章的草稿（語音輸入）。

預先做一張清單，在 5、10、15 到 30 分鐘的空閒時間內，寫上可以完成的事情。然後貼在筆記本內，或是用截圖的方式，把圖片設為手機的待機畫面。

定期檢視、維修

為了提升時間加法的品質，我們需要不時回頭檢視、維修。

雖然我用維修一詞，但這並不是什麼大工程，要做的事是問自己，加法項目是否真的有填補上落差？進行維修有以下三個時機：

1. 定期檢視（一個月一次）。
2. 當執行得不順利時

做（例如沒有動力想去使用加法時間時）。

3. 在某項時間加法項目完成時來做（例如使用加法時間來準備某個資格考試，而該目標已告一段落）。

我建議事前就決定好維修的時間。具體該怎麼做？我用的是KPT法。這是為了讓自己回頭檢視，並改善自己正在進行的工作或活動的一種簡單方法。KPT指的是繼續進行下去的事（Keep）、課題（Problem）、解決方法（Try），我們依此來拆解項目，並對其進行修正（左頁圖二十五）。

維修真的很重要，因為加法時間有限，「這件事怎麼做才會比較順利」、「或許放棄會比較好」，如果不定期去思考的話，很有可能會混淆了手段和目的。時間加法項目的目標，是為了讓我們更接近理想的一天。

圖二十五　用 KPT 改善項目

Keep

- ✓ 每天早上 30 分鐘×平日（6 點到 6 點半）。
- ✓ 起床後就坐到書桌前。

Problem

- ✓ 會分心去想，孩子會不會在自己學習時起床。
- ✓ 無法集中精神，過程中會去沖一杯咖啡。

Try

- ✓ 把執行時間提早為 5 點半如何？
- ✓ 如果讓丈夫和孩子蓋同一條被子睡，他會不會起不來？
- ✓ 睡覺前預先把咖啡準備好。

6 善用人際關係與複利的力量

一個人在習慣了時間加法後，能用於自己身上的時間密度會變得越來越高。自己除了更會挑選可作為時間加法的項目外，能達成的事情也變多了，和過去相比，現在每一天都過得更為充實。就連原本覺得難以實現的事，也開始認為能透過加法來達成。

在本章最後，我想要和大家談談，一旦時間加法的良性循環開始運轉後，各位要銘記在心的重要事情。

「想要早點出發的話，你可以獨自先行，但若想到遠方，就得大家一起行動。」不知道大家有沒有聽過這句非洲諺語？人們唯有與他人互助合作，才有可能看到只靠個人所無法觸及的境界，或是位於理想彼端的世界。如果你也想突破框架，到遠方去看一看的話，就得學會和其他人合作。

過去我一直認為，去拜託或接受別人的好意，是在給別人添麻煩。因此在安排一天二十四小時的時候，我也總想著靠自己處理所有事。然而在不斷累積加法的過程中，我遇到了瓶頸，發現僅靠自己的力量，改變的速度會很慢，加上個人智慧有限，所以常事倍功半。

此時，前面提到的那句非洲諺語，突然點醒了我。過去我一直覺得不能去麻煩別人，反之，我也不讓別人有機會麻煩我。如此一來，反而在自己周圍築起了一道牆，把自己限制住了。

從那之後，我開始嘗試把自己的煩惱，或想知道的事情，說給身邊的人聽，沒想到，大家都很樂於和我分享他們的智慧，或提供策略。有心理學的相關研究表示，「善於去拜託他人，或能以自我揭露（Self-Disclosure）的方式來表達自己的需求，可以達到雙贏，因而建立良好的人際關係。」在與他人的連結中，其實隱藏了更加容易去使用理想時間的關鍵。

若想順利與他人有所連結，重點在於，把一部分的加法時間，回饋到其他人身上，就算只是些小事也沒有關係。例如，禮讓同事先進電梯，或是主動幫匆匆忙忙到托兒所接孩子的媽媽們開門，又或者看到同事面有難色時，主動去問他有什麼需要幫忙的地方。

如果你實在不知道能給別人什麼幫助的話，不妨回憶一下，過去曾經困擾過自己的事情，然後將你的經驗，分享給那些被相同問題所困的人，他們一定會很高興。

從A傳到B的事情，會從B再傳給C。在歐美國家中，稱這種人際連帶的延續行為叫「把愛傳出去」（pay it forward）。

當我們運用自己的加法時間時，其實就是在嘗試把愛傳出去。以我個人來說，寫書原本不在我的理想清單之中。雖然我熱愛閱讀，但過去從來沒想過，自己能出一本書。但就在我於部落格和 Voicy 上，分享過去的自己（當時是上班族，加上一個人負擔育兒工作，忙得昏天暗地）時間的使用方式，以及改善的訣竅之後，竟然有粉絲表示：「雙薪家庭的時間術很有參考性，讓身為職場媽媽的我勇氣倍增。」之後甚至開始有人問我：「有沒有考慮出書？試著提筆寫作如何？」

正當我覺得自己做不到這件事的時候，又有其他人提供意見給我，結果最後就從這些人際關係中，孕育出本書。我並不是覺得，這麼做能帶來好處，才開始行動。但在以自己為起點，使用加法時間之後，就開始和他人產生連結，而這些連結讓我豁然發現，自己竟然到了一個過去從未想過能抵達的世界。我相信是這些人際關係，在領著我前進。

當我更進一步，去意識到與他人之間的連結後，我也開始關心周圍的人。如此一來，在縱（主管與部屬、親子），和橫（朋友、同事）的人際關係外，我重新認識到斜向關係，這是由成長背景和價值觀相異的男女老少們，共同打造出來的一種關係。

近來有些企業，發現在建立斜向關係之後，能提高組織的心理安全度，所以在內部創造了不同部門之間的聯合項目等機會。正因為彼此沒有利害關係，才能帶來以下好處：

1. 可以輕鬆交流。
2. 能聽到多元意見。
3. 為自己打開視野。

日常生活中，我們很容易陷入縱與橫的人際關係裡，尤其越是不想去麻煩別人的人，越只會用縱、橫的人際關係，和利害關係來判斷事情。但如果我們能意識到斜向關係，並重視它的話，對自己和他人都能帶來正面影響，如此一來，就有可能提高彼此的幸福度，還有可能為自己帶來偶然的幸運，或意外的發現。

善用機緣論（Planned Happenstance Theory）指出，我們的人生經歷，是經由許多的選擇，以及在與他人的相互連結之後，才逐漸塑造而成的。在縱、橫之外，如果擁有斜向的人際關係，就能幫我們把點轉換為線，與令人意想不到的緣分連結在一起。如此一來，我們就可以從其他人那裡，獲得不同的靈感。

只靠自己，雖然能讓我們早一點往理想前進，卻無法走到遠方。在意識到時間加法的良性循環後，你還要更主動些，當你把注意力投向自己以外的地方，加法的效果，就會以複利的方式增強。

POINT

- 寫出理想的一天，找出理想和現實之間的落差。
- 累積小動作，讓常規作業自動化。
- 事先就決定好，空閒時間要做什麼。
- 用KPT法，定期修正加法項目。
- 打造斜向關係，讓時間加法運轉得更順暢。

我與職場媽媽們的經驗交流 Q&A

Q 雖然我覺得花時間煩惱一件事，真的很浪費，但就是有讓我煩惱的事情。目前我還要照顧孩子，所以無法加班，職場上的同事就會對我說：「妳能早點回家，真好啊。」儘管心裡明白自己並沒有提早回家，只是準時下班，但心裡還是會去想：「自己是不是被人討厭了。」

雖然自己行得正，但心情多少會受到影響。請問有沒有讓我不必再為此傷腦筋的方法？

A 遇到這種事，很難讓人不去在意。但我認為把這種難受的心情，帶到私人時間去傷腦筋，實在太不划算了，我建議可以在回家的電車上，拿出紙筆，把自己的想法寫下來（左頁圖二十六）。

下筆的時候，記得把同事對你說的話：「能早點回家，真好啊。」和自己從中所感受到的情緒，以及對這件事所做的解釋分開來。注意，不要用先入為主的觀念來看這件事，先把感覺到的事給寫出來。

當你寫完後，有沒有發現什麼？儘管事實只有一個，但從中衍生出來的情感和解

圖二十六　寫下自己的想法

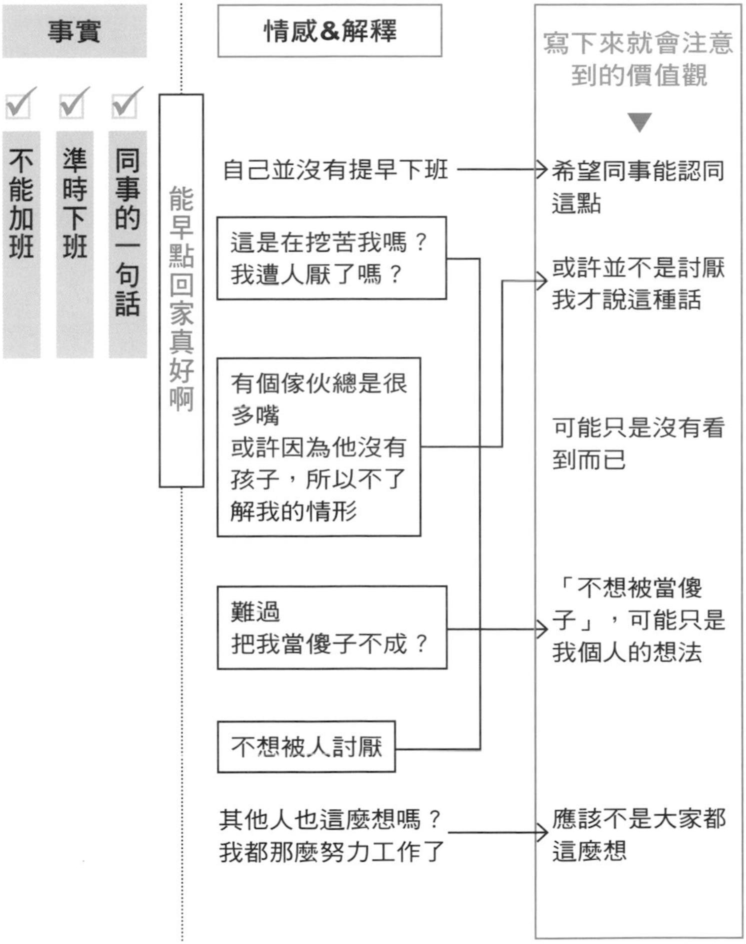

釋卻有好幾種。而這些情感、解釋，全部都出自你的價值觀。雖然沒有方法讓你不去在意這件事，但如果你能區分事實、解釋和情感的話，或許就會發現，自己竟然在為原本就不用煩惱的事實傷腦筋。

最後來整理一下流程，首先，請你把心中所想的轉化為文字，然後區分出事實、情感和解釋，最後意識到自己的價值觀。

Q 我是一名三十二歲的女性，結婚三年，目前還沒有孩子。我和先生的時間觀念有點不同，他做事會先預留緩衝時間，而我總是到了最後一刻才會行動。因此每次要一起出門之前，我們總是會爭吵。

在事先決定好出發時間的情況下，先生總是會指責手忙腳亂的我：「妳出門準備也太慢了吧，遵守時間好嗎？」

我認為只要在約定好的時間出門就行了，可是他卻提早五分鐘就站在玄關等。我想要是我們有了孩子，恐怕會因為時間的使用方式，更常發生爭執。我到底該如何是好？

A 夫妻彼此若是對時間的感受不一樣的話，的確很容易發生爭執。我想你先生應該很重視，做事時要比預定的預留更多時間。相反的，你比較看重的是，按照規定好的時間來做事。這並沒有誰對誰錯，只是個人價值觀及彼此優先順位的差異，所產生的齟齬。

就算是夫妻，其實也是兩個獨立的個體，在價值觀以及看待事情的先後順序上，本來就不一樣。維持婚姻生活的關鍵在於，彼此能把各自重視的事情，慢慢拿出來好好溝通。尊重對方，找出彼此都能接受的方式，藉由對話來加深兩人的關係。

關於你所提到的事情，如果夫妻之間的觀點不同，首先應該要試著討論，為什麼做事會想預留時間，以及為什麼覺得準時行動比較好。

試著把話說開，會得到「時間寬裕的話，心情會比較安定，我不喜歡慌慌張張的」、「按照預計時間來做事很好，又不著急」等想法，如此一來，就能更認識對方對時間的看法。

丈夫喜歡時間上的寬裕，太太喜歡慢步調，如果能在這兩種想法之間，找出兩人都重視的觀念，共同遵守，不就皆大歡喜了嗎？舉例來說，決定出門的時間，可以把太太的出發時間提早五分鐘，如此一來，先生依然可以提前做好準備，太太也可以按照計畫準時出發。

不管有沒有小孩，夫妻之間都會因為一些事而爭吵。但我相信，這些事情不會是你在信裡提到的，時間使用方式上的認知不同，而是來自價值觀的差異。找到夫妻彼此能夠相互尊重之處，然後設計一個應對的方式，來克服問題吧。

Q

我是一個有兩歲和五歲孩子的職場媽媽。因為服務的公司是良心企業，因此上班還滿輕鬆愉快。

我活到了三十六歲，直到最近才知道，有賣自己的時間（給公司），和勞力密集型的工作型態這種說法。而且不只是一般上班族，就連醫師或稅務人員，也是不努力工作，就無法獲得收入。原來他們也是靠勞力資本來生活，說真的，知道這件事後著實讓我吃了一驚。為了不讓自己成為這類人，不知道能否請您給點意見？

A 首先我要說的是，日本的學校教育，樂見大多數的人成為公司員工，或在勞力密集的職場中工作。去考取證照、讀好大學，就能讓世界更美好。為什麼學校會贊同這種觀點？因為這樣學生踏出校門後，馬上就可以獲得穩定的工資。因此有很多人就算到了三十、四十多歲，還不知道有勞力密集型以外的工作。

那麼，非勞力密集型的工作有哪些？我們可以在著名的《富爸爸，窮爸爸》（*Rich Dad, Poor Dad*）一書中找到答案。人類的勞動方式可分為四種，分別為E：雇員、S：專業人士、B：企業家、I：投資者（下頁圖二十七），其中雇員和專業人士，主要是以提供勞動力為主的工作型態。而企業家和投資者，則是以一套架構和資產，來幫自己創造財富。

這裡就拿醫師這個高收入的職業來說明，醫師也得靠自己的勞動力，花時間工作，才能獲得收入，因此屬於雇員（大醫院的勤務醫師）和專業人士（開業醫師）。但如果是企業家和投資者的話，他們就算不自己去勞動，還是可以有收入。這些人會聘雇他人來為自己工作，或把錢拿去投資獲得財富，這麼做就無須用自己的時間來換取薪水。

圖二十七　四種勞動方式

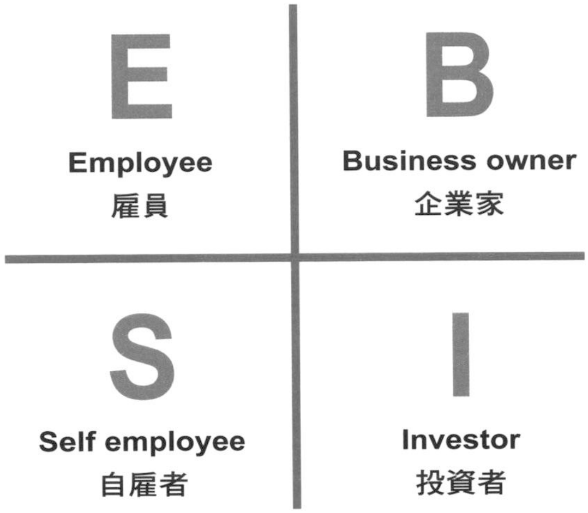

當我們的年紀越來越大之後，就會逐漸喪失體力，這項在勞力資本中最值錢的東西。隨著不斷老化，總有一天會無法再去從事雇員和專業人士的工作，但如果是企業家和投資者的話，則沒有限制。

若你也對企業家和投資者的勞動方式感興趣的話，我建議可以在還是上班族的時候，嘗試做一些小型練習。

例如，試著去投資基金或股票、提筆寫作然後把文章賣給網站、購入資產或開發商品等，這些都可以成為你的起點，而且越早行動的話，不只可以避免犯錯的機會，還能提高成功的機率。在加法時間增加之後，以上這些都是值得去嘗試，具有價值的勞動方式。

Q

我從學生時代起，只要沒有時間，我就會焦慮。要是自己沒有做好準備，或安排好進度，就很容易不安。當我在帶孩子的時候，因為經常時間不夠用，導致在工作、家事和育兒上，都無法從容面對。為此我感到很煩躁，而且也很厭惡總是對孩子怒吼的自己。請問您有什麼好的建議嗎？

A

我認為你應該是無法以自己的步調來行動，導致身上累積了許多壓力。既然我們無法增加時間，那就要去思考，有什麼方法可以解決這個問題。

在帶孩子的時候，會覺得時間不夠，大多和以下事情有關，例如照顧孩子會牽涉到許多細項的選擇和作業；要做的事情很多，難以長時間集中精神；因為總是在思考，使大腦功能下降；睡眠不足，導致身體狀態欠佳等。

不知道你有沒有聽過時間飢餓？它指的是我們有太多事要做，卻覺得時間不夠用，因而使個人的生產力下降。

假設你現在打算清理環境，你認為哪一種情況下，自己比較能集中心力去打掃？是一個小時後還有其他預定要做的事情，還是一個小時後沒有其他計畫？答案是前者，因為接下來有其他事要處理，所以會想早點完成打掃。話雖如此，但直到要處理下一件事情之前，中間其實也沒多少間隔時間，能用來完成其他事。

在育兒的過程中，因為許多行為都已做了細分，所以大致都固定好結束時間，例如接送孩子、洗澡、就寢等，在這樣的情況下，人們很容易陷入時間飢餓。因為你屬於準備不夠，就會陷入焦慮的類型，當有許多待辦事項前後出現了空檔時間，就很有可能會降低妳做事的效率。

為了不發生時間飢餓，就要讓自己覺得，「要做的事情其實也沒那麼多，我其實擁有足夠的時間」。為此，要先請你試著把目前生活中在做的事情，分成要做的事情，和做了比較好的事情，如果項目太多了，就把做了比較好的事情，列入時間減法的候補。

分類完後，妳有沒有發現，如果自己不事前準備或排好進度，就會讓自己發愁的事情？我想就算有，應該也比原本所預想的少了許多。只是羅列出自己在做的事情，就能讓自己意識到其實也沒有那麼多事，使心情平靜下來。

另外，妳也可以事先決定好因應措施，作為自己又開始焦躁時的應對，例如喝點水、洗個手都可以。把事情拆解來看，一定能幫你解決焦躁的問題，加油！

Q 我和丈夫兩個人都有工作，因為是核心家庭，距離老家又遠，所以生完孩子後，我選擇了時短勤務[12]的方式，繼續在公司上班。雖然上班時間縮短了，但自由時間卻沒有因此增加，下班回家後，我得立刻趕到托兒所去接孩子，然後在家負責育兒。

然而丈夫卻對我說：「妳因為工時縮短、收入減少，這部分就靠我努力工作來補上吧。孩子就麻煩妳照顧了，謝謝。」然後每天都在加班，連星期六、星期日也說為

12 指的是縮短一天之中在公司裡上班時數的勞動方式。根據日本的〈育兒介護休業法〉改正法案規定，業者對於因照顧小孩，或需要介護等原因，無法以一般的上班時數來工作的員工，有義務提供時短勤務，作為支援手段。一般來說，通常是從八小時降至六小時。

了要學習，而都往外頭跑。雖然他說做這些事情都是為了家人，可是，看到他能盡情的在工作上揮灑，我心裡也覺得很不是滋味。

A 首先我想問，當你決定時短勤務時，夫妻之間有溝通過嗎？你選擇時短勤務這件事，是不是雙方都同意，工作養家主要由老公負責，妻子來努力完成家務和帶孩子？

許多夫妻之所以會對工作、家事和育兒的時間分配，出現觀點不一致，是因為他們雖然做出了決定，像是「先生的時間比較無法調整，又必須有人接送孩子，所以由太太減少上班時間」，卻沒有在一開始討論彼此負擔家事和育兒的比例、自己的工作應該做到什麼樣的程度、當孩子長大之後，工作該怎麼調整才好等（我們家就是這種情況）。

從你的角度來看，就算丈夫看起來很樂在工作，或許他的真心話其實是，「我也很想待在家裡，可是若不趁妻子時短勤務時，提升自己的職場技能和收入的話，豈不是太可惜了，所以我一定得多加點班，多學習才行」。

此外，你的先生可能沒有看到你下班回到家後，花了多少時間在做家事和照顧孩子。我認為這才是導致你不滿丈夫的原因。

進一步來說（只是我的推測），你是不是心裡也覺得，「先生在職場上不斷累積經驗往上提升，我卻只能做家事、帶孩子，看來我是無望在職場上有更進一步的發展了。他這麼做真的很狡猾。」

如果在你選擇時短勤務之前，沒有好好溝通過，並共同決定家庭的方向性，那麼，現在這個使你感到不舒服的情緒，或許能成為一個機會，讓你們就時間、彼此的角色，和關於職場上的事情，做一次深度的討論。

「什麼時候兩個人才能一起在職場上全力衝刺」、「如果目前是老公先起跑的話，老婆幾年後才能開始呢」、「當對方在職場上努力打拚時，彼此能相互扶持嗎」為了避免幾年之後你會去抱怨「當時，我真的一直在忍耐……」，我建議你，為了自己的將來，和先生好好商量一下吧。

Q 我現年三十七歲，在一間長時間勞動型公司裡擔任管理職，家裡有一個三歲的女兒。

我太太生完小孩後，覺得很難兼顧工作和家事、育兒，所以決定離開職場。但最近她經常抱怨：「每天都過著相同的日子，帶小孩真的很辛苦。」於是我就會想，不然她重新回到職場好了。太太其實並沒有每天下廚，或打掃環境（這麼說不是在批評她），而且也沒見她在學習其他事物。我個人認為，她在時間的使用上有問題，不知道您能不能提供點意見？

A 首先，我想請你的太太把從早上開始，以三十分鐘為間隔，寫下自己在一天之中都做了哪些事情。如果寫不出來，就要麻煩你和太太一起完成這個任務。

雖然你在信中有提到，你認為太太在時間的使用方式上有問題，但如果你有機會和三歲的寶貝女兒一起待在家裡一整天的話，或許會很驚訝，時間裡存在許多細分到很難看見的時間。

試著把一整天的內容寫下來後，你就會了解，飯前準備、幫孩子擦拭吃飯時撒出來的東西、小孩鬧脾氣要去哄等，光是做這些事情，往往不知不覺中就過了一個小時。或許從你的角度來看，會不了解太太一整天到底都做了些什麼？但太太其實可能很難和你說明，因為時間過於零碎。

太太會一直抱怨，可能和她不喜歡目前的生活節奏有關。養育小孩這件事，無法立即看到成效。但在日復一日相處的過程中，孩子會不斷成長，家事也一樣，舒服的居住環境是要去維持的，而非每天都得去完成什麼。

身邊如果有一個小小孩，想要有自己的時間，真的很不容易。如果有機會的話，我希望你能試著在星期六、星期日兩天（四十八小時），代替你的太太來照顧小孩和做家事（不能少了家事喔）。有了這樣的體驗後，想必能讓你理解另一半的時間使用方式，以及「我每天都過著相同的日子」這句話的意義。

人會對自己沒做過、沒看過的事情，只憑想像來判斷。你在信中有提到，你在長時間勞動型的企業裡擔任管理職。不知道你可曾想過，當你花了那麼長的時間在公司裡上班，背後是誰把家中整理得舒適妥當，還把孩子照顧得健健康康？

我相信只要你願意去嘗試，就會有所體悟，進而改變自己對另一半的看法。而當妻子看到你的改變，相信她也會有所變化。為了自己的太太，還願意寫信來向我請教，想必你是一個具有行動力的人。我為你加油。

Q

您好，我想請問有關在公司開會時遇到的問題。我們公司對於員工上班是否遲到管得很嚴，可是會議開起來卻經常沒完沒了，一直延長。因為我必須去托兒所接孩子，所以很在意會議結束的時間，搞得自己很緊張。時不時在會議進行中還得當眾起身，向大家說：「不好意思，我還得去接孩子，要先告辭了。」因為自己只是個一般職員，所以沒有權利決定會議時間的長短……不知道您能不能從自己過去的經驗，提供一些能讓會議準時結束的方法？

A

雖然會議有明定結束時間，可是卻會不斷延長加時，實在是很傷腦筋。我很能理解你要到托兒所接孩子，那種焦急的心情。

我想先問你，貴公司在召開會議時，會訂定議事行程嗎？在會議中，誰、針對什麼議題、能有多少發表意見的時間，以及時間配置，應該都已經決定好了才對。如果貴公司的會議沒有議事行程的話，是不是能由你提議來製作？這麼做之後，就能讓與會者清楚會議的進行，和結束的時間。如果已經有議事行程的話，針對個別議題，是否有選出計時人和主持人？如果沒有的話，可以在提案中加入計時人和主持人。

另外，當你要向上頭提案時，請記住，不要說「這麼做如何？」而是直接問「由誰來做好呢？」就可以了。之後，在會議開始之前，可以事先把列印出來的議事行程放在主持人的座位上。針對每一項不同的議題，決定好會議進行的時間和主持人之後，再讓每位與會者知道這件事。

當前面的準備都完成後，提問者可以主動去爭取成為會議的計時人。接著告訴會議主持人，「我會以計時人的身分，在發言時間結束前五分鐘，和發言時間結束時，出聲提醒」。相信這種開會方式能持續推行下去的話，就能漸漸依照原定計畫時間結束會議。

推薦給你的解決方式，其實我也曾在過去任職的公司裡執行過，雖然執行之初，有些前輩根本不理會我的提醒，但希望會議能照原定時間進行的想法，卻逐漸滲透到每一位與會者的時間概念中。等到自己回過頭來才發現，公司裡幾乎所有的團體會議，都能在預定時間內結束。

要不要主動去做改變，決定權在你的手上。我認為，與其為了沒有執行而後悔，還不如做了之後再後悔。而我則已經實際嘗試過，加油喔！

Q 你曾說過，自己是用數位電子產品和手帳來管理時間，可否分享一下你的使用方法？目前市面上工具這麼多，輸入內容的方法也不盡相同，我很希望能熟悉這些工具，使自己能更有效的利用時間。

A 我利用數位電子產品來管理現在的時間，手帳則用來管理未來的時間。在數位工具（例如 Google 日曆等）中輸入預定事項後，就能將其連動到智慧手錶，當到了預定事項的前十五分鐘，就會響起提醒鬧鈴。因為我是一個很容易忘記事情的人，所以從丟垃圾的日期，到孩子學校資料的提交日等，全部都記錄在電子行事曆中，並設好提醒。「接下來的計畫是？」或「回收垃圾的日期是哪一天啊？」

等，原本自己在無意識中所使用到的大腦容量，就能得到解放。如此一來，除了可以維持自己的思考力，還能提升其他重要時刻的時間性價比。因此，我主要是以數位工具來管理現在的時間（預定事項已清楚規定好的時間）。另外，我還會把家人的預定事項，也輸入到共同的電子行事曆中，這樣就能掌握彼此的行動了。

那麼我用手帳來做什麼？答案是用於未來的自己。在我完成了時間視覺化之後，也寫下了自己理想的一天行程，然後依此來執行時間加、減法。接著把加、減法的預定事項，和自己試錯的內容，都記錄到手帳裡。例如，當我決定半年後的某個時間點要去登山（加法），接下來我會以一個月為單位來逆推，在手帳裡寫下每個月我能為登山做哪些準備（減法、加法）。例如，第一個月，因為要查詢有關登山的資訊，所以減少十五分鐘的閱讀時間等。因為這件事和目前的時間軸並不協調，因此仍有可能變更，但就是將其記錄在手帳裡管理。

藉由這種方式，可以把現在以及未來的時間文字化，增進自我理解，還能藉此發現與現況之間的關係，所以我很推薦此方法。

Q 您好，我是一個人帶兩個孩子的職業媽媽。丈夫每天都超過晚上九點才回家。當老大升上小學一年級之後，我在時間管理上越發無法應付。在幫小一的孩子確認課表和講義時，要是看到他寫作業還漫不經心，我總是會去吼他：「快點把功課做完。」加上我還要做家事，同時照顧讀托兒所的老二。我覺得目前這樣的狀態很難維持下去，自己連鬆口氣的時間都沒有，真想索性把工作給辭了。

A 你的狀況真的很辛苦。在我的大兒子上小學一年級時，我也是個上班族，當結束工作回到家後，從晚上七點到晚上九點孩子們睡覺的這兩個小時裡，我還得幫托兒所的小兒子和小一的大兒子，檢查作業以及聯絡簿，當時要做好時間管理真的很不容易。

我建議你可以把在回到家之後能夠使用的時間，以及必須完成的事情，先全部寫下來。這個做法和時間加、減法是相同的。第一步就是把要做的事情視覺化，為時間排出先後順位。

舉例來說，你晚上六點回到家裡，孩子們晚上九點睡覺，這之間只有三個小時。

你要寫出直到孩子就寢為止，家事、育兒以及小一的孩子要做的事情有哪些。自己要做的家事有：做晚飯、飯後收拾、洗衣服、晾衣服、洗澡、幫托兒所的孩子準備明天的東西；小一的孩子要做的則有：寫回家作業、訂正作業、確認明天的課表、削鉛筆、確認聯絡簿。

我認為，完成孩子明天到學校的準備為優先事項，因此會先記錄下做這些事情要花多少時間。以寫作業三十分鐘、訂正作業十五分鐘、確認課表時間五分鐘、削鉛筆五分鐘、檢查聯絡簿五分鐘為例，加起來剛好是一個小時。

這項作業你可以和孩子共同來完成，一起決定哪個項目需要花多少時間才能做完，然後把它寫下來。例如，晚上七點開始寫作業三十分鐘，晚上八點訂正作業十五分鐘，以此來製作回家之後的時間排程。接著，再把完成的時間排程表，貼在孩子們看得到的地方。

你則可利用空檔來做家事，如果在預定的時間之內，無法全部完成的話也不要緊，就暫時擱著，或者請稍後回到家的丈夫來接手處理，抑或者乾脆將這些事列入不去做的項目中。

重要的是，先幫升上小一的孩子視覺化他要做的事情。時間是有限的，我認為打造出小一生的生活規律，絕對比洗碗這件事更重要。規律所帶來的影響，會持續到他升上小學二、三年級，所以越早去做越好。附帶一提，如果孩子無法照著時間排程來做完事情，也不要發脾氣。你可以事前就和他說，因為大家要在晚上九點睡覺，所以在那之前沒有做的事，之後還是要自己完成喔。

這樣其實就是在告訴他，如果自己不重視時間，也不會有人幫你做時間管理。要是出現太多無法完成的事情，那麼就隨時修正。但如果孩子做得很好，也要常誇獎他們，如此不斷反覆之後，就能讓他們養成習慣。在養育小孩的這條路上，讓我們彼此勉勵。

Q 你好，我雖然一直很嚮往不受時間和地點限制的生活方式，但在我眼中，過這種生活的人，他們所從事的工作好像都怪怪的。身為一名普通的上班族，我實在不太了解，那些人是如何獲得金錢收入，可以請過去也是上班族的你告訴我，到底什麼是不受時間束縛的工作方式？以及怎麼樣的工作型態比較好？

A

首先我想反問你，你認為什麼是地點和時間都受到限制的工作方式？是像公司員工或公務員那樣，大家集合在一個固定地方辦公的工作，或是在餐廳或商店，會有客人來光顧的工作，抑或在美髮沙龍或健身房中，提供直接對人服務的工作。從你的觀點來看，這些人是否就不會怪怪的？

選擇不受限於固定地點和時間這種工作方式的人們，因為沒有地點（公司或商店）和時間（上班時間或營業時間）上的限制，所以有不少人都是藉由自我管理的方式，來工作，例如作家、不動產租賃業者、股市操盤手等。

這些人雖然不受時間束縛，可以自己安排工作時間，但這並不代表他們全然不受時間限制。他們雖然可以在自己喜歡的時段裡工作，但也需要去估算每一項工作所需要的時間，換句話說，即是需要具備掌握未來的計畫能力。

我認為，你之所以會覺得某些工作怪怪的，或許是因為這些工作，大都和自己所認知的職業類型不同的關係。

接著我來回答第二個問題：什麼樣的工作型態比較好。我個人建議，如果你是一個可以做好自我管理的人，能獨立思考，找到自己想要從事的職業類別，就很適合不會受到時間和場所侷限的工作。

與前者相反，有些人認為在固定的場所，並有人為他做時間管理，會是比較理想的工作形式。兩者之間的差異，並沒有孰優孰劣，重點在適不適合。

綜合上述，我對這個問題的回答是：什麼樣的工作方式比較好，完全因人而異。最後，我希望你能試著寫下自己理想的一天，然後去思考一下，什麼樣的工作型態，才是能讓自己感受到幸福的生活。

Q

您好，我們夫妻倆都有上班，我希望自己也能幫到太太的忙，所以一週會送孩子到托兒所兩次，接孩子回家三次，洗碗和晾衣服也由我來負責。

可是職場中的主管和前輩，都認為我做的事是女人的工作，每當我要準時下班去接孩子，或是希望能挪動出差日期時，總是會受到他們挖苦。雖然我覺得時代已經變了，不應該去干涉別人的私生活，但也很擔心，如果讓幫我評分的主管，看到自己的工作方式，會不會使我因此喪失升遷的機會，不知道您有沒有什麼好的建議？

A 擁有豐富多樣性（年齡、性別、工作方式）職員的公司，因為每一位員工所處的生活環境都不一樣，因此，在職場上很少會否定想要兼顧家事、育兒和工作的男性。

但如果一個職場中，員工的家庭大都是靠先生工作賺錢，太太為家庭主婦，或雖然太太也有工作，但家事、育兒幾乎是由太太一手包辦的情況（就像貴公司那樣），身邊的同事大概很難設身處地，去理解雙薪家庭者所面對的情況。

在你的公司裡，有多少同事或主管和你一樣，夫妻兩人都在上班的呢？如果人數滿多的話，那麼你所任職的公司，想必今後很有機會可以有所改變。在這種情形下，就別去在意主管對自己的評價，好好的待在這間公司，繼續打拚吧。

如果放眼望去，職場中只有自己一個人是雙薪家庭，而前輩和後輩的家庭模式，感覺起來都很一致的話，你就得有心理準備了。具體來說有以下幾種對策：

1. 在育兒過程中，不以獲得職場中的高評價為目標。
2. 增加太太在家事、育兒方面的工作，主要由你負責上班養家活口。

3. 換到雙薪家庭較多的公司上班。

我很能體會你想兼顧兩者的心情，也很想好好鼓勵你，然而現實社會中還是有很多公司，無法以正面的態度來理解你的狀況。

人力資源公司藝珂（Adecco），曾對正在養育小孩的三十代男性公司職員，以及他們的主管（公司裡五十代男性管理職），針對工作、家事、育兒的分擔，進行過一次意向調查。結果顯示，有九成以上的管理職能夠體諒部屬因家事、育兒，而無法加班、為了照顧孩子申請帶薪休假、不參加同事的喝酒聚會。然而普遍來說，主管對女性部屬的態度較為寬容，對男性部屬則較為嚴厲。

我認為你是雙薪家庭男性的過渡期世代，因此一定會遇到很多煩心事，但既然是自己的選擇，就要全力以赴。我也相信，你身邊一定也有少數同樣身兼工作與育兒的職場媽媽，她們也同樣在努力，應該能成為你的強力夥伴。為了有意義的使用有限的時間，自己該做什麼樣的選擇？你不妨和另一半好好商量一下，加油喔。

後記
兒子長大了，老公進步了，我解脫了！

不知道各位在讀了本書之後，是否有改變對時間的看法？我在書中和大家介紹有關時間的視覺化、減法和加法，相信透過這幾種方式，可以幫助讀者重新審視自己的思考方式以及價值觀。雖然有時會伴隨著痛苦，但一定也會有感到愉快的時候。

我個人從以前開始，就不斷反覆實踐、修正這套時間術，正因為如此，和過去相比，我確實感受到，自己正以自己理想的生活方式在過日子。然後到了二〇二〇年四月，我向服務了十六年之久的公司提出了辭呈。不論是公司裡的同事或我自己，其實都沒有預料到我會做出這樣的抉擇。但如果想要實踐更大的加法，就不得不去執行與之相同規模的減法。

在新冠肺炎橫行肆虐的二〇二〇年初，我站在人生的十字路口，為了擁有自己理想的人生，我決定離開公司。像現在這樣，我能一邊寫文章，一邊經營瑜伽教室，都是靠新的加法時間，所累積起來的成果。

我還沒辦法回答各位，自己所做的選擇是否正確。在面對每一個人生的轉捩點時，個人所做出的選擇是否無誤，會因之後所採取的行動而發生變化，也就是說，答案會因人們時間的使用方式，讓點連成線，並於未來才向我們揭曉。

當我看著兩個兒子不斷成長時，經常會想到，他們其實每天也都在嘗試中糾錯。透過每日的嘗試與犯錯，把時間用在自己喜歡的事情、想做的事情、做得到的事情上，於此同時不斷的摸索自己的生活方式。

孩子們都能單純的基於「好有趣！好開心！」來選擇採取什麼行動。明明小孩都做得到，但為什麼長大後，大人卻調降了自己能感受到幸福的事，以及重要事情的優先順位，甚至逐漸看不到它們了？我認為是忙碌的時間遮蔽了我們的視線，使我們看不到這些重要的事物。

本書和一般時間術書籍不太一樣。本書源於我這位雙薪家庭的上班族，在思考為什麼自己每一天都活得這麼累之後，開始去實踐書中提到的時間管理技巧的過程。和過去的我有相同困境的人，我希望你們能藉由本書，開始去思考自己的時間。

這裡我要向在執筆過程中，不厭其煩指導我的白戶編輯，以及總是能在我腸枯思竭時，欣然給予我意見的職業媽媽好友——蓮見小姐和高野小姐，致上感謝之意。此外，我還得感謝不斷鼓勵我寫作，身兼不動產投資家和作家的加藤先生，謝謝您對我的支持。

另外我也得感謝我老公，謝謝他在我寫作時，願意陪伴兩個孩子。我還想對自己四歲和七歲的孩子們說，媽媽希望你們就算成為大人後，也不會被捲入時間的漩渦裡，要以自己為主，去選擇加法的時間，我希望你們都能好好掌握自己的人生。

謝謝大家認真讀到了最後一頁。在全文結束之際，我想和你們分享，過去當我迷惘、想要放棄一切時，某位職業媽媽曾對我說過的一句令人難忘的話來作為結語：

「你沒問題的。你目前只是缺少了『覺悟』。」

參考文獻

- 《默默》（*Momo*，麥克・安迪著，日文版大島香織譯，岩波書店）。
- 《Don't stop thinking about tomorrow: Individual differenes in future self-continuity account for saving》（Hal Ersner-hershfield, M. Tess Garton, Kacey Ballard, Gregory R. Samanez-larkin, and Brian Knutson Judgement and Decision Making, 4(4)pp.280-286）
- 《匱乏經濟學》（*Scarcity: why having too little means so much*，森迪爾・穆蘭納珊、埃爾達・夏菲爾著，日文版大田直子譯，早川書房）。
- 《無氣力心理學改版，意義的條件》（無気力の心理学改版やりがいの条件，波多野誼余夫、稲垣佳世子著，中央公論新社）。
- 《新・動機研究的最前沿》（新・動機づけ研究の最前線，上淵壽、大蘆治編著，北大路書房）。

- 《實現：達成目標的心智科學》（*Succeed: How We can Reach our Goals*，海蒂・格蘭特・海佛森著，日文版兒島修譯，大和書房）。
- 《五秒法則》（*The 5 Second Rule*，梅爾・羅賓斯著，日文版福井久美子譯，東洋館出版社）。
- 《活用大腦的人，早上這樣過》（脳を最高に活かせる人の朝時間，茂木健一郎著，河出書房新社）。
- 《別耍廢，你的人生還有救！》（*Unfu*k Yourself*，蓋瑞・約翰・畢夏普著，日文版高崎拓哉譯，Discover 21）。
- 《誰說人是理性的！》（*Predictably Irrational*，丹・艾瑞利著，日文版熊谷淳子譯、早川書房）。
- 《想要六點下班，請這樣做》（6時に帰るチ—ム術，小室淑惠著，日本能率協會管理中心）。
- 《拒絕力》（断る力，勝間和代著，文藝春秋）。
- 《與成功有約：高效能人士的七個習慣》（*The 7 Habits of Highly Effective People*，

參考文獻

史蒂芬・柯維，西恩・柯維著，日文版 Franklin Covey Japan 譯，キングベアー）。

- 《為什麼他的瞬間判斷不會出錯》（思考軸をくれ—あの人が「瞬時の判断」を誤らない理由，出口治明著，英治出版）。
- 《讓夢想自動實現的腦內方程式》（*The Answer: How to Take Charge of Your Life & Become the Person You Want to Be*，亞倫・皮斯、芭芭拉・皮斯著，日文版市中芳江譯，サンマーク出版）。
- 《一冊通曉ＫＰＴ》（これだけ！KPT，天野勝著、すばる舍）。
- 《親切的五個副作用》（*Five Side Effects of KINDNESS*，大衛・漢彌爾頓著，日文版堀内久美子譯，サンマーク出版）。
- 《聊聊煩惱和逃跑那些事》（悩みどころと逃げどころ，Chikirin、梅原大吾著，小學館）。
- 《好好拜託》（*Reinforcements: How to Get People to Help You*，海蒂・格蘭特著，日文版兒島修譯，德間書店）。

- 《勞動方式決定人生格差》（人生格差はこれで決まる働き方の損益分岐点，木暮太一著，講談社）。
- 《你的幸運，絕非偶然》（*Luck Is No Accident*，J.D. 克倫布茲、A.S. 李維著，日文版花田光世、大木紀子、宮地夕紀子譯，ダイヤモンド社）。
- 《改訂版 富爸爸，窮爸爸》（*Rich Dad, Poor Dad*，羅勃特・T・清崎著，日文版白根美保子譯，筑摩書房）。

國家圖書館出版品預行編目（CIP）資料

不負責男人造就的外商媽媽時間管理法：總是一人育兒的兩頭燒媽媽，一路升遷還能享受「做自己想做的事」的美好時光！／尾石晴著；林巍翰譯. -- 初版. -- 臺北市：大是文化有限公司，2021.10
240 面；14.8×21 公分. --（Think；223）
譯自：やめる時間術：24時間を自由に使えないすべての人へ
ISBN 978-986-0742-57-2（平裝）

1. 時間管理　2. 工作效率

494.01　110010339

Think 223

不負責男人造就的外商媽媽時間管理法

總是一人育兒的兩頭燒媽媽，一路升遷還能享受「做自己想做的事」的美好時光！

作　　者／尾石晴
譯　　者／林巍翰
責任編輯／林盈廷
校對編輯／宋方儀
美術編輯／林彥君
副 主 編／馬祥芬
副總編輯／顏惠君
總 編 輯／吳依瑋
發 行 人／徐仲秋
會　　計／許鳳雪
版權專員／劉宗德
版權經理／郝麗珍
行銷企劃／徐千晴
業務助理／李秀蕙
業務專員／馬絮盈、留婉茹
業務經理／林裕安
總 經 理／陳絜吾

出 版 者／大是文化有限公司
臺北市 100 衡陽路 7 號 8 樓
編輯部電話：（02）23757911
購書相關資訊請洽：（02）23757911 分機 122
24 小時讀者服務傳真：（02）23756999
讀者服務E-mail：haom@ms28.hinet.net
郵政劃撥帳號 19983366　戶名／大是文化有限公司

法律顧問／永然聯合法律事務所
香港發行／豐達出版發行有限公司 Rich Publishing & Distribut Ltd
地址：香港柴灣永泰道 70 號柴灣工業城第 2 期 1805 室
Unit 1805, Ph. 2, Chai Wan Ind City, 70 Wing Tai Rd, Chai Wan, Hong Kong
電話：21726513　傳真：21724355
E-mail：cary@subseasy.com.hk

封面設計／林雯瑛
內頁排版／顏麟驊
印　　刷／鴻霖印刷傳媒股份有限公司

出版日期／2021 年 10 月初版
定　　價／新臺幣 360 元（缺頁或裝訂錯誤的書，請寄回更換）
I S B N／978-986-0742-57-2
電子書ISBN／9789860742565（PDF）
9789860742558（EPUB）